강미선쌤의 개념 잡는

나눗셈
비법 ÷

강미선 지음

하우매쓰

KB014480

강미선쌤의 개념 잡는 나눗셈 비법

개정판 1쇄 발행 2020년 3월 5일
개정판 2쇄 발행 2021년 3월 2일

지은이 강미선
발행인 강미선
발행처 하우매쓰 앤 컴퍼니
편집 이상희 ⏐ **디자인** 박세정 ⏐ **일러스트** 이민진
등록 2017년 3월 16일(제2017-000034호)
주소 서울시 영등포구 문래북로 116 트리플렉스 B211호
대표전화 (02) 2677-0712 ⏐ **팩스** 050-4133-7255
홈페이지 https://m.cafe.naver.com/howmaths ⏐ **전자우편** upmmt@naver.com

ISBN 979-11-967467-2-8(63410)

차례

비법 시리즈의 특징

1. 수학적 원리를 바탕으로 합니다

「비법 시리즈」에 담긴 덧셈, 뺄셈, 곱셈, 나눗셈 계산 방법은 자연수 계산의 기본 핵심 원리인 '십진법'과 '자리값'을 바탕으로 합니다. 또한 사칙계산 사이의 관계, 즉, 뺄셈은 덧셈의 역이며 나눗셈은 곱셈의 역이라는 사실을 이용합니다. 이러한 수학의 기본 원리와 관계를 바탕으로 하기 때문에 「비법 시리즈」로 공부하면 계산 실력은 물론, 수학적 사고력 향상에도 큰 도움이 됩니다.

2. 그림을 사용해서 수학적 이해를 높입니다

「비법 시리즈」에서는 시계, 동전, 바둑돌, 모눈 등의 그림을 사용합니다. 글로 된 설명이 너무 길거나 복잡하면 일단 '어렵겠다', '재미없겠다'는 생각부터 들지만, 그림이 나오면 '쉽겠는데?', '재밌겠다'는 생각이 듭니다. 원이나 정사각형 같은 도형과 연산은 서로 별개라는 편견도 사라집니다. 또한, 그림을 보면서 계산 과정을 직관적으로 이해할 수 있고, 사진 찍듯이 머릿속에 모습을 기억하기도 쉽습니다. 따라서 「비법 시리즈」로 공부하면 수학에 대한 흥미와 이해를 높일 수 있습니다.

3. 영역을 넘나들며 개념을 서로 연결합니다

「비법 시리즈」는 수학적으로 서로 연결된 내용을 자기도 모르게 자연스럽게 익히도록 합니다. 직사각형으로 배열된 바둑돌의 개수를 셀 때 가로로 세든 세로로 세든 개수에는 상관없다는 것을 누구나 알 수 있습니다. 이런 상황은 '덧셈에서는 교환법칙이 성립한다'는 수학적 지식을 자연스럽게 터득하게 합니다. 또한 이것은 직사각형의 넓이를 구하는 것으로 이어집니다. 도형과 계산이 서로 연결되는 것입니다. 또한 곱셈에서 사용된 상황이 그대로 나눗셈으로 연결되면서, 몫의 의미와 세로 나눗셈의 과정에 대한 이해를 높입니다. 따라서 「비법 시리즈」로 공부하면 수학의 여러 영역이 사실은 서로 연결되어 있다는 것을 깨달을 수 있습니다.

4. 여러 학년 내용을 단기간에 학습할 수 있습니다

　「비법 시리즈」의 한 권 안에는 몇 년에 걸쳐 배우는 내용들이 모두 들어 있습니다. 『덧셈 비법』은 한 자리 수끼리의 덧셈에서 시작해서 받아올림이 여러 번 있는 세로셈까지, 『뺄셈 비법』은 가장 간단한 뺄셈에서 받아내림이 있는 세로셈까지, 『곱셈 비법』은 구구단에서부터 세로셈까지, 『나눗셈 비법』은 나머지가 없는 간단한 나눗셈부터 나머지가 있는 긴 세로 나눗셈까지 모두 담겨 있습니다. 한 권 안에 이런 내용들을 다 담았기 때문에, 「비법 시리즈」를 교재로 사용하면 짧은 시간에 몰입하여 자연수 계산 원리를 터득할 수 있습니다.

5. 중학교 수학과 이어집니다

　「비법 시리즈」에서는 앞으로 배울 내용들을 미리 연습하게 합니다. 모든 비법은 중학교 때 배우는 '다항식의 연산'과 연결됩니다. 자연수는 식이 아니라 수이지만, 수의 연산은 곧 식의 계산과 연결됩니다. 중학교에 가면 마치 전혀 새로운 수학을 배우는 줄 알고 미리 겁먹는 학생들이 많습니다. 초등학교 때와는 차원이 다르다는 말에 의욕을 상실하기도 합니다. 하지만 수학은 모든 학년에 다 이어집니다. 중학교 수학은 초등학교 수학에서 시작하고, '다항식의 연산'의 뿌리는 자연수 연산입니다. 따라서 「비법 시리즈」로 공부하면 중학교 수학도 낯설지 않습니다.

자연수 계산 원리

● **원리1 십진법** ●

십 원짜리 1개로 살 수 있는 물건은 일 원짜리 10개로도 살 수 있고, 백 원짜리 1개로 물건을 사고 싶을 때 십 원짜리 10개를 내도 됩니다.

왜냐하면, 우리는 '십진법'을 사용하기 때문입니다.

태어날 때부터 10진법을 사용해 왔기 때문에 이 사실이 너무 당연하게 여겨지지만, 사실 숫자 한 개로 된 1이 열 개 모이면 두 자리 수(10)가 된다는 것은 십진법만의 독특한 법칙입니다.

반면, 삼진법에서는 1이 3개 모여야 두 자리 수(10)가 되고, 오진법에서는 1이 5개 모여야 두 자리 수(10)가 됩니다.

1이 열 개 모여야 두 자리 수 10이 된다는 '십진법의 원리'를 잘 기억해서 늘 지킨다면, 자연수 연산을 쉽게 잘할 수 있습니다.

$$10원 \ = \ 1원 \ 1원 \ 1원 \ 1원 \ 1원 \\ 1원 \ 1원 \ 1원 \ 1원 \ 1원$$

● 원리2 자리값 ●

'수의 값은 숫자가 어느 자리에 써 있느냐에 따라 달라진다.'

이것은 '자리값의 원리'입니다. 오른쪽 끝이 '일'의 자리이고, 왼쪽으로 한 칸씩 갈수록 자리의 값이 커지는데, 왼쪽 자리는 바로 옆 오른쪽 자리의 10배입니다. 그렇다면 똑같은 숫자라도 왼쪽에 써 있어야 훨씬 더 큰 수가 되겠지요?

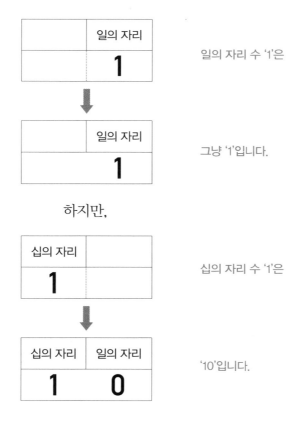

	일의 자리
	1

일의 자리 수 '1'은

	일의 자리
	1

그냥 '1'입니다.

하지만,

십의 자리	
1	

십의 자리 수 '1'은

십의 자리	일의 자리
1	0

'10'입니다.

나눗셈 비법에 담긴 수학적 원리

● 직사각형의 넓이와 나눗셈 ●

'42명을 3팀으로 똑같이 가르기'

'42m에서 3m씩 잘라 내기'

'넓이가 42인 직사각형의 한 변이 3일 때 다른 한 변 구하기'

 전혀 다른 상황이지만 모두 똑같이 42÷3입니다.

 42÷3의 답이 14인 이유는, 42명을 3팀으로 똑같이 가르면(등분제) 한 팀에 14명씩이 되기 때문이기도 하고, 42m에서 3m씩 잘라 내면(포함제) 14번 만에 다 떨어지기 때문이기도 합니다. 또한 나눗셈은 곱셈과 연결되어 있습니다.

 『나눗셈 비법』의 '직사각형'은, 나눗셈의 두 가지 개념(포함제와 등분제)을 포함하면서 나눗셈이 곱셈의 역이라는 사실까지도 한번에 설명합니다.

넓이가 42인 직사각형에서 넓이를 3등분하면,

14	14	14

한 조각의 넓이는 14입니다. ·· **등분제**

넓이가 42인 직사각형에서 넓이를 3씩 자르면,

3	3	3	3	3	3	3	3	3	3	3	3	3	3

모두 14조각이 됩니다. ·· **포함제**

넓이가 42인 직사각형에서 한 변이 3이라면,

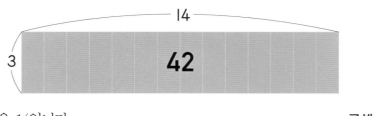

다른 한 변은 14입니다. ———————————————— 곱셈의 역

● **알고리즘과 개념의 연결** ●

"세로 나눗셈을 어떻게 하는 건지 잘 모르겠어요."라거나, "왜 그런 과정으로 계산하는지를 이해하지 못하겠어요."라는 학생들이 많습니다. 『나눗셈 비법』에서는 개념과 절차가 서로 연결되도록 하였습니다. 어떻게? 직사각형과 세로셈 기호의 모양을 시각적으로 연결해서! 이렇게 배우면 자연스럽게 세로 나눗셈을 계산할 수 있습니다.

개념   알고리즘

학부모님들께

1. 수학은 연결되어 있습니다

"우리 아이는 도형은 잘하는데 계산은 싫어해요."라거나, "계산은 너무 좋아하는데 도형 문제만 나오면 어쩔 줄 몰라해요."라는 부모님들이 있습니다. 혹시 부모님 마음속에 '계산과 도형은 별개'라는 생각이 들어 있는 것은 아닌지요? 또, "초등 수학은 잘 했는데 중학 수학도 잘 할지 걱정돼요."라거나, "중학교 수학은 초등과는 차원이 다르다면서요?"라는 부모님들도 있습니다.

수학은 서로 연결되어 있습니다. 도형과 계산이 연결되어 있고, 초등과 중등도 연결되어 있습니다. 서로 연결되어 있기 때문에, 서로 연결해서 배우면 낯선 것이 줄어들어 공부량이 적어지고 익히기도 쉽습니다. 「비법 시리즈」는 연산과 도형이 어떻게 연결되는지, 연산들끼리는 서로 어떻게 연결되는지, 초등과 중등이 어떻게 연결되는지를 보여 주는 교재입니다. 수학의 모든 단원과 학년을 서로 연결해서 학습하도록 도와주세요. 그러면 수학이 쉬워집니다.

2. 꼭 외워야 하는 것들은 외우게 해 주세요

수학이 이해의 과목이긴 하지만 꼭 외워야 하는 기본 내용들이 있습니다. 덧셈에서는 받아올림이 일어나는 한 자리 수끼리의 덧셈(예: 3+8=11), 뺄셈에서는 받아내림이 일어나는 간단한 뺄셈(예: 11-3=8), 곱셈과 나눗셈에서는 구구단(예:

3×8=24, 24÷3=8)이 있습니다. 물론 억지로 외우면 안 되고, 왜 그런 결과가 나오는지는 반드시 이해해야 합니다. 하지만 과정을 이해한 것에서만 만족하고 그 결과를 외워 두지 않으면 계산이 더디고 나중에는 재미없어집니다. 「비법 시리즈」의 1단계에 나오는 내용들은 꼭 알아 두어야 할 기초적인 내용이므로 아이가 외울 수 있도록 도와주세요.

3. 교재를 융통성 있게 활용해 주세요

아이의 성향에 따라 유연하게 이 교재를 사용해 주시기 바랍니다.

아이가 잘 따라 하고 집중력이 있으면 그 자리에서 1단계부터 4단계까지 진도를 나가도 됩니다. 각 단계의 예시문제와 도전문제 몇 개만 풀어 보아도 금세 원리를 터득할 수 있는 아이들은, 나머지 문제들은 나중에 스스로 풀 수 있기 때문입니다.

반면, 아이가 집중력이 약하거나 계산이 느린 경우에는 차근차근 진도를 나가 주세요. 일정한 양을 정해서 풀게 하는 것이 좋습니다. 하지만 너무 적은 양씩 오랜 기간 동안 풀게 하지는 마시기 바랍니다. 어떤 원리를 터득하려면 약간은 몰입해서 공부하는 게 좋기 때문입니다.

이 책의 비법들은 언뜻 보기에 대수롭지 않아 보입니다. 하지만 이 안에는 아이들이 특히 어려워하는 수의 쌍을 분석한 것을 바탕으로, 심리적인 부담을 느끼지 않고 원리를 익히면서 실수를 잡아낼 수 있도록 예제나 연습문제가 치밀하게 배치되어 있습니다. 부디 이 책이 수학과 계산에 흥미와 자신감을 갖게 하는 데 도움이 되길 바랍니다.

김미선

암산이 잘 안 될 때는 이렇게!

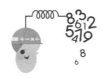

여기서 제시한 4단계를 잘 따라 했다면 저절로 암산이 됩니다. 그런데 만약 생각보다 암산이 잘 안 된다면? 그 이유는 무엇일까요? 그리고 그럴 때에는 어떻게 해야 암산을 잘하게 될까요? 암산이 안 되는 원인에 따라 처방이 달라집니다.

1. 십진법 원리를 정확히 이해하기

모형 동전을 사용해서 시장 놀이를 해 보세요. 10원을 1원짜리 10개로 바꾸는 놀이를 반복적으로 하다 보면, 십진법에 대한 이해가 높아집니다.

2. 자리값 원리에 대해 이해하기

깍두기공책을 사용해 보세요. 한 칸에는 반드시 숫자를 1개만 써야 합니다. 칸에 맞게 수를 쓰다 보면, 실수도 줄어들고 자리값 원리에 대한 이해도 좋아집니다.

3. 집중력 키우기

플래시 카드로 만들어서 빨리 빨리 넘기며 답을 말하는 연습을 해도 좋습니다. 덧셈 카드, 뺄셈 카드, 구구단 카드 등을 사용해서 카드를 빨리 넘기면서 답을 말하면, 짧은 시간에 집중하는 훈련을 할 수 있습니다.

4. 새로운 기분으로 다시 도전하기

컨디션이 안 좋아서 공부에 집중하기 힘든 때가 있습니다. 이럴 때는 잠시 쉬었다 하세요. 며칠 뒤에 다시 시도해도 좋습니다. 새로운 기분으로 도전하면 암산이 쉽게 될 거예요.

1단계

직사각형 그리기

1단계 직사각형 그리기

곱셈은 나눗셈과 연결되어 있습니다. 곱셈을 잘하면 나눗셈이 쉽습니다. 곱셈을 복습하면서 나눗셈을 배울 준비를 합시다.

(1) (몇) × (십몇)

곱하는 두 수를 직사각형의 세로와 가로에 씁니다. 그 다음 10보다 큰 수를 갈라 10+(몇)으로 가르고, 각각 (몇)과 곱합니다. 그러고 나서 모두 더하면 됩니다.

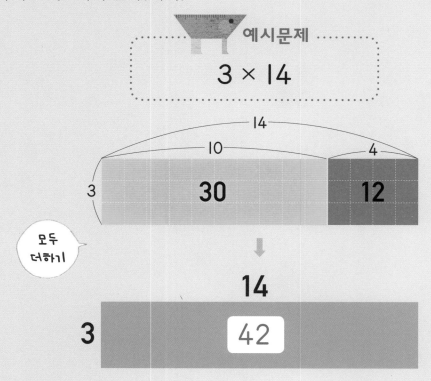

 핵심 포인트 14를 10과 4로 가르는 것은 3단계에서 배울 세로 나눗셈 과정과 연결됩니다. 따라서 지금 꼼꼼히 잘 이해해 두면 세로 나눗셈이 아주 쉬워져요!

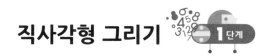

도전문제(1)

6 × 13

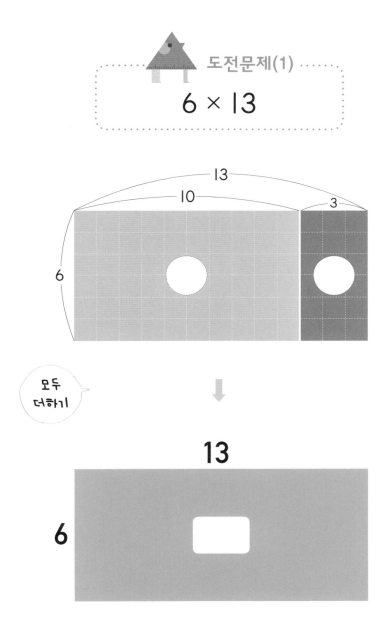

1단계 직사각형 그리기

도전문제(2)

$$9 \times 12$$

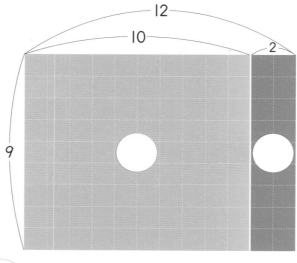

모두
더하기

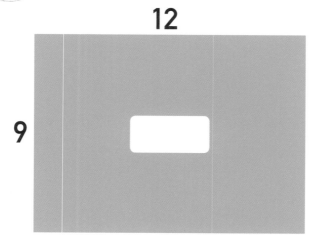

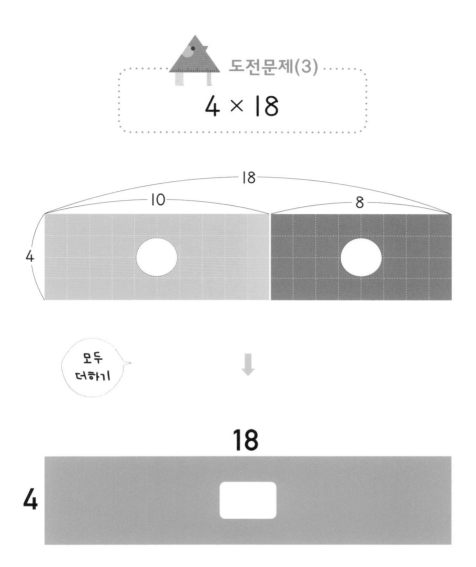

도전문제(3)

$$4 \times 18$$

18

10

8

4

모두
더하기

18

4

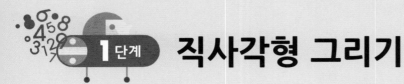

1단계 직사각형 그리기

(2) (몇) × (백몇 십몇)

곱하는 두 수를 직사각형의 세로와 가로에 씁니다. 그 다음
세 자리 수를 100+(몇십)+(몇)으로 가릅니다. 그리고 나서 각각
(몇)과 곱합니다. 마지막으로 모두 더하면 됩니다.

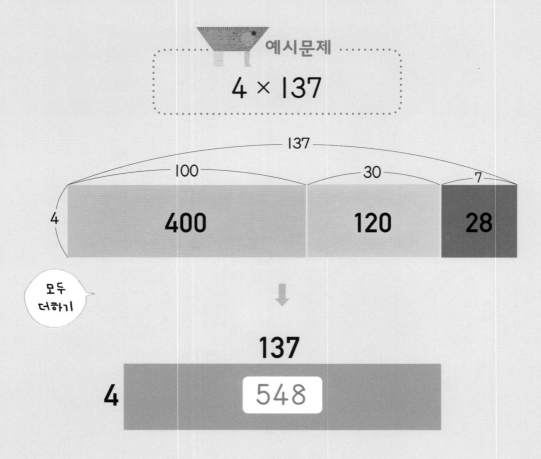

 핵심 포인트 137을 100+30+7로 갈라서 계산하는 것은 3단계에서 배울 세로 나눗셈 과정과
연결됩니다. 따라서 지금 꼼꼼히 잘 이해해 두면 세로 나눗셈이 아주 쉬워진답니다.

도전문제(1)

$$8 \times 125$$

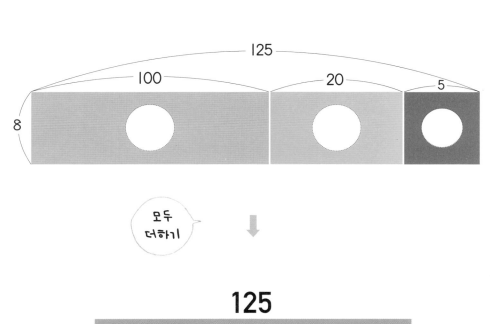

125

8

직사각형 그리기

도전문제(2)

$$6 \times 154$$

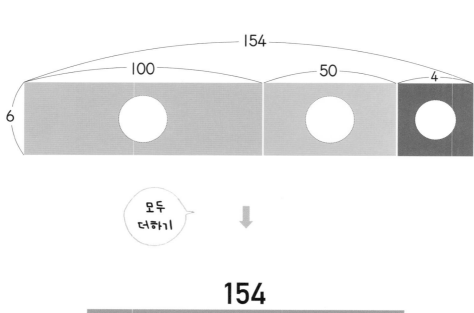

모두
더하기

154

6

도전문제(3)

$$7 \times 177$$

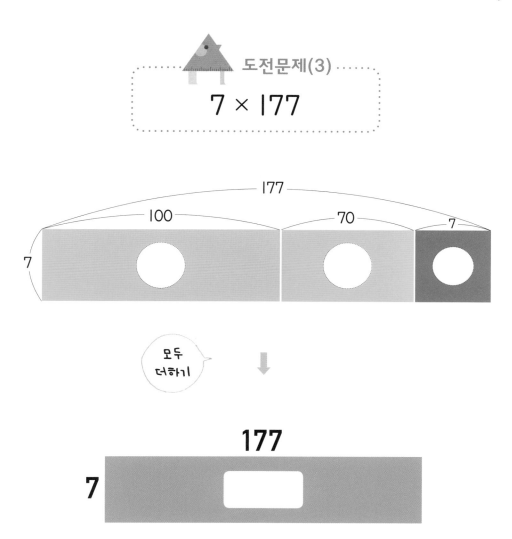

모두
더하기

177

7

직사각형 그리기

도전문제(4)

$$9 \times 146$$

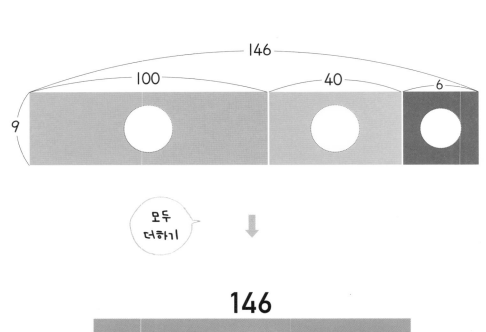

도전문제(5)

8 × 103

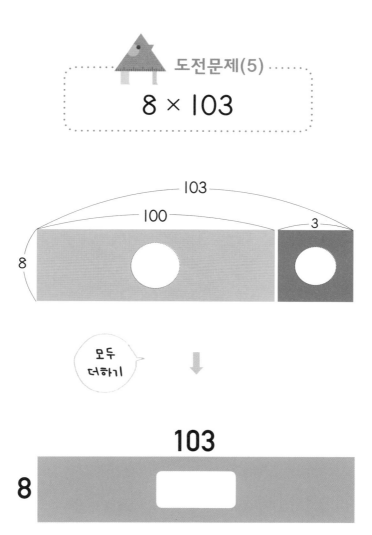

모두
더하기

103

8

(3) (십몇) × (십몇)

곱하는 두 수를 직사각형의 세로와 가로에 씁니다. 그 다음 가로에 있는 수를 10+(몇)으로 가릅니다. 그리고 나서 각각 (몇)과 곱합니다. 마지막으로 모두 더하면 됩니다.

예시문제

12 × 17

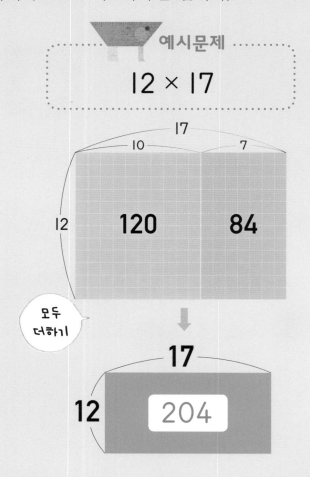

 핵심 포인트 가로에 있는 17을 10+7로 갈라서 계산하는 것은 3단계에서 배울 세로 나눗셈 과정과 연결됩니다.

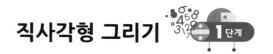

도전문제(1)

$$13 \times 14$$

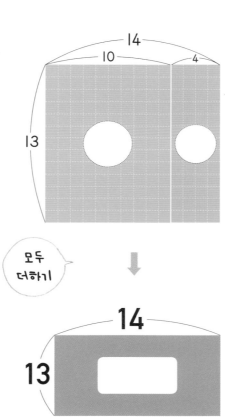

모두
더하기

도전문제(2)

$$16 \times 18$$

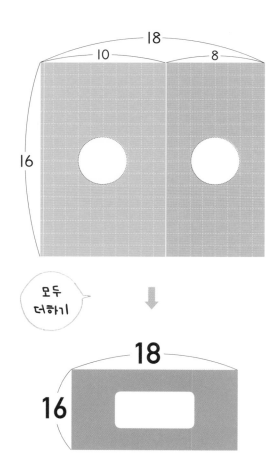

모두
더하기

26

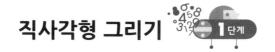

도전문제(3)

$$15 \times 19$$

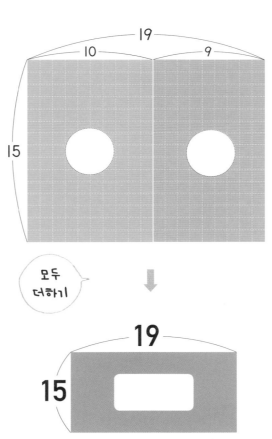

모두
더하기

1 단계 **직사각형 그리기**

도전문제(4)

$$17 \times 16$$

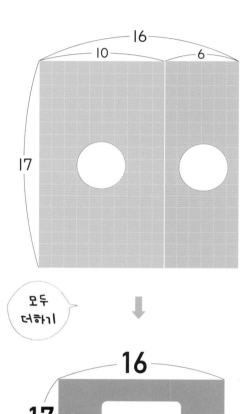

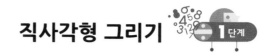

도전문제(5)

$$18 \times 12$$

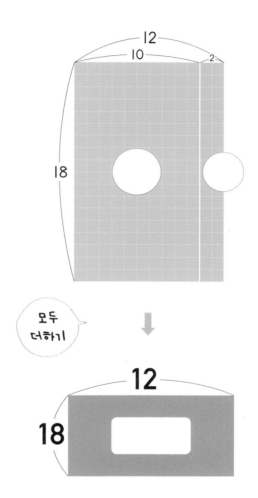

모두
더하기

1단계 직사각형 그리기

도전문제(6)

$$15 \times 15$$

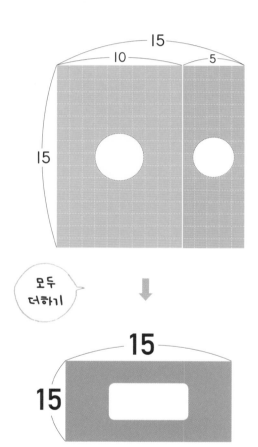

모두
더하기

도전문제(7)

$$19 \times 18$$

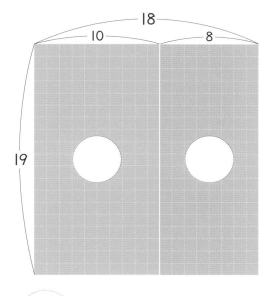

모두
더하기

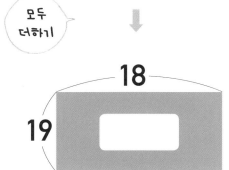

도전문제(8)

$$18 \times 17$$

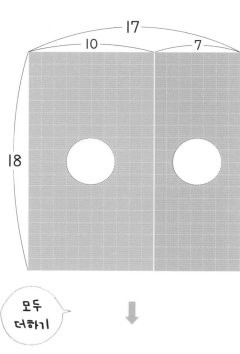

모두
더하기

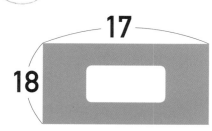

2단계

가로 구하기

2단계 가로 구하기

3×4=12입니다. 12÷3은, 직사각형의 크기가 12이고 세로가 3일 때 가로를 구하는 문제와 같습니다. 1단계에서 익힌 내용을 바탕으로, 나눗셈의 몫을 구해 봅시다.

나머지가 없을 때 ① 한 자리 수

첫 번째 수를 직사각형의 안에 씁니다. 두 번째 수를 직사각형의 세로에 씁니다. 그리고 나서 가로가 얼마나 되어야 할까를 생각해 봅니다.

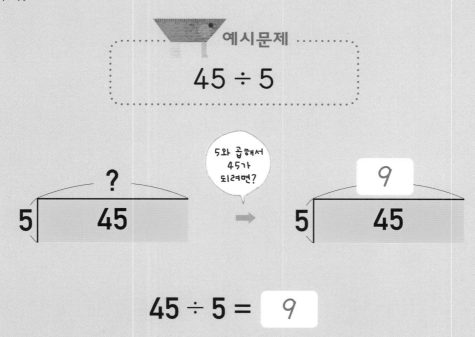

 핵심 포인트 구구단을 외워서 활용하면 쉽습니다. 5×9=45이므로, 5와 곱해서 45를 만드는 수는 '9'입니다.

도전문제(1)

$$15 \div 3$$

3	15

$15 \div 3 = $

도전문제(2)

$$24 \div 4$$

4	24

$24 \div 4 = $

도전문제(3)

$$36 \div 9$$

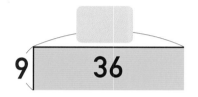

| 9 | 36 |

$$36 \div 9 = \boxed{}$$

도전문제(4)

$$49 \div 7$$

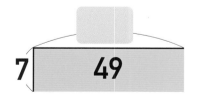

| 7 | 49 |

$$49 \div 7 = \boxed{}$$

도전문제(5)

$$54 \div 6$$

6 | 54

$$54 \div 6 = \boxed{}$$

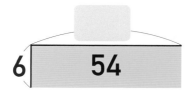

도전문제(6)

$$81 \div 9$$

9 | 81

$$81 \div 9 = \boxed{}$$

2단계 가로 구하기

나머지가 없을 때 ② 두 자리 수

나누어지는 수가 나누는 수의 10배가 넘는 경우입니다. 나누는 수의 10배, 20배, 30배를 한 다음, 직사각형 안의 수에서 그만큼 갈라냅니다. 그 다음은 1단계에서 익힌 대로 풀면 됩니다.

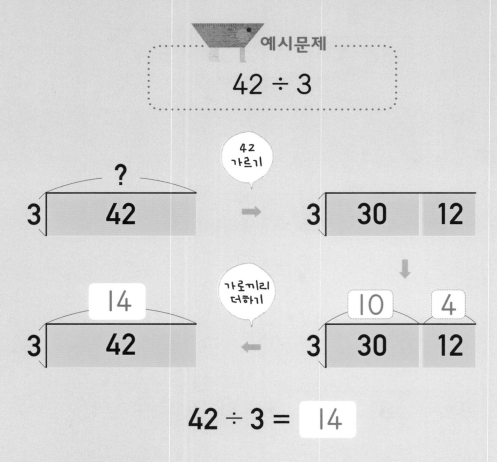

$42 \div 3 = \boxed{14}$

 핵심 포인트 42에서 3의 10배를 갈라낸 다음, 3에다 얼마를 곱해야 남은 수 12가 될지를 생각해 보세요.

도전문제(1)

$$90 \div 6$$

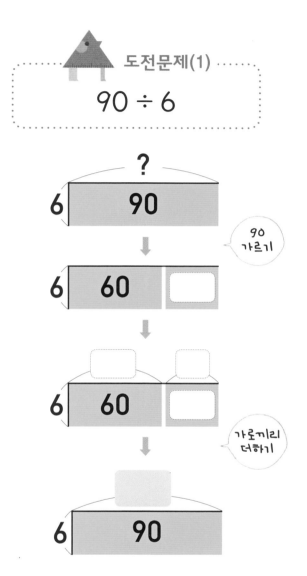

90 가르기

가로끼리 더하기

$$90 \div 6 = \boxed{}$$

2단계 가로 구하기

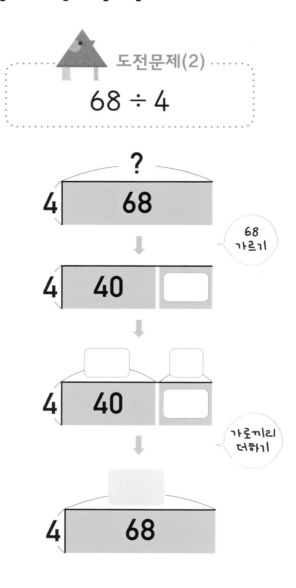

도전문제(2)

68 ÷ 4

68 ÷ 4 =

도전문제(3)

$$80 \div 5$$

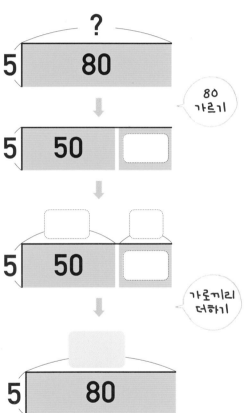

80 가르기

가로끼리 더하기

$$80 \div 5 = \boxed{}$$

도전문제(4)

72 ÷ 4

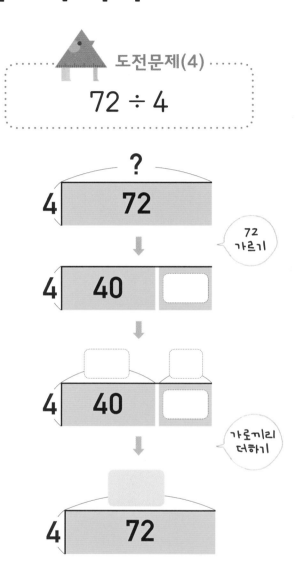

72 ÷ 4 =

도전문제(5)

$$48 \div 2$$

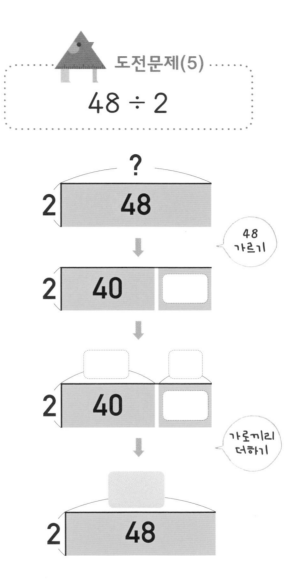

$$48 \div 2 = \boxed{}$$

도전문제(6)

$$69 \div 3$$

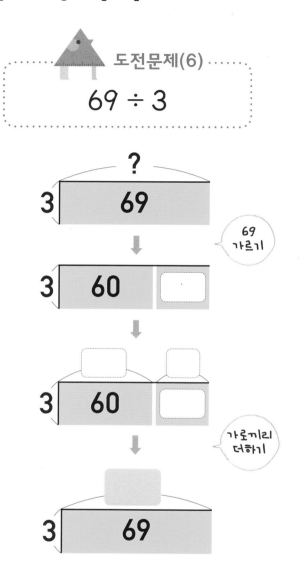

$$69 \div 3 = \boxed{}$$

도전문제(7)

$$133 \div 7$$

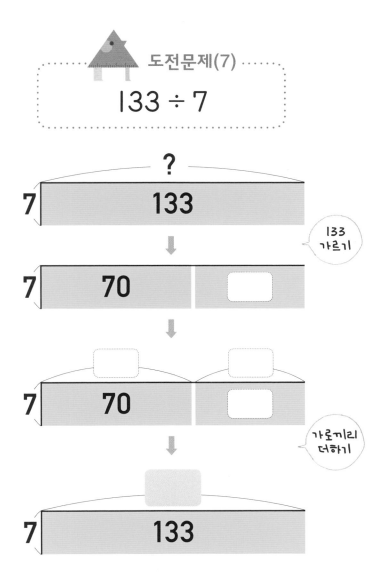

$$133 \div 7 = \boxed{}$$

45

2단계 가로 구하기

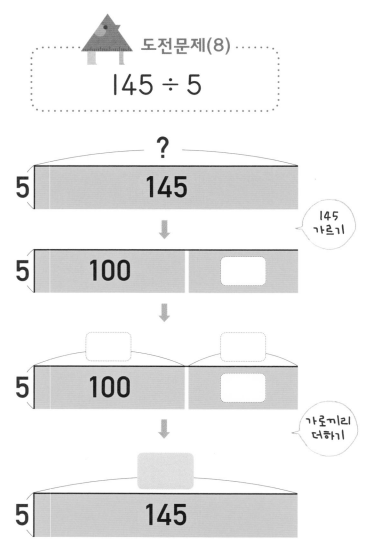

도전문제(8)

$$145 \div 5$$

?

| 5 | 145 |

145
가르기

| 5 | 100 | |

| 5 | 100 | |

가로끼리
더하기

| 5 | 145 |

$$145 \div 5 = \boxed{}$$

46

도전문제(9)

$$124 \div 4$$

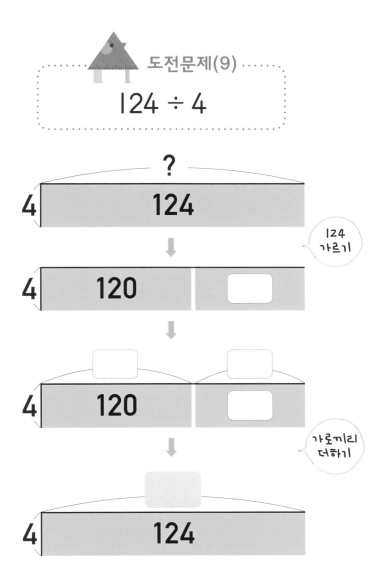

$$124 \div 4 = \boxed{}$$

가로 구하기

나머지가 있을 때 ①

세로와 가로가 자연수일 때, 둘을 서로 곱해서 정확히 직사각형 안의 수가 되지 않는 경우입니다. 세로와 곱해서 최대한 직사각형 안의 수에 가까운 가로를 구한 다음, 나머지는 남겨 둡니다.

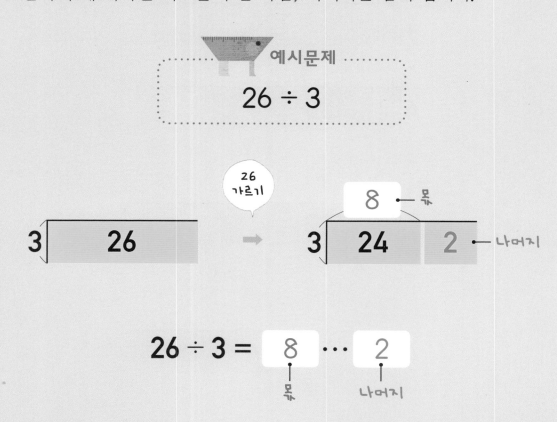

 핵심 포인트1 3의 8배는 24이고, 3의 9배는 27입니다. 그리고 26은 3의 8배와 9배 사이에 있는 수입니다. 따라서 가로는 8입니다. 남은 수 2는 나머지로 남겨 두세요.

핵심 포인트2 나머지는 나누는 수보다 작아야 합니다.

도전문제(1)

$$58 \div 6$$

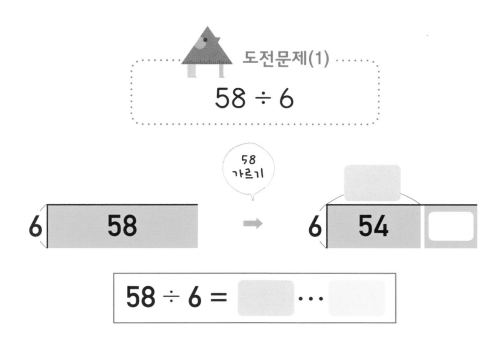

58 가르기

| 6 | 58 | ⇒ | 6 | 54 | |

$$58 \div 6 = \boxed{} \cdots \boxed{}$$

도전문제(2)

$$50 \div 7$$

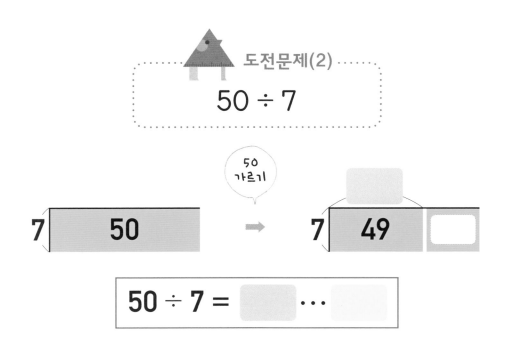

50 가르기

| 7 | 50 | ⇒ | 7 | 49 | |

$$50 \div 7 = \boxed{} \cdots \boxed{}$$

2단계 가로 구하기

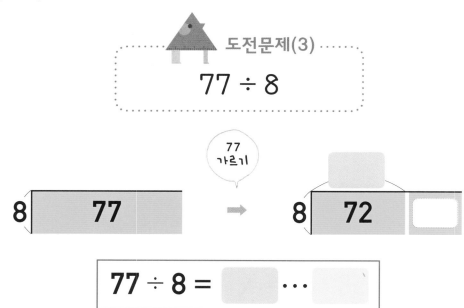

도전문제(3)

$$77 \div 8$$

77 가르기

| 8 | 77 |

➡

| 8 | 72 | |

$$77 \div 8 = \boxed{} \cdots \boxed{}$$

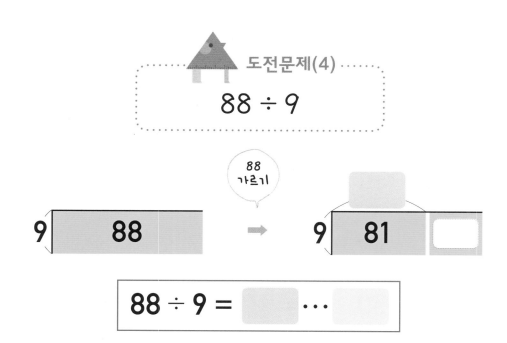

도전문제(4)

$$88 \div 9$$

88 가르기

| 9 | 88 |

➡

| 9 | 81 | |

$$88 \div 9 = \boxed{} \cdots \boxed{}$$

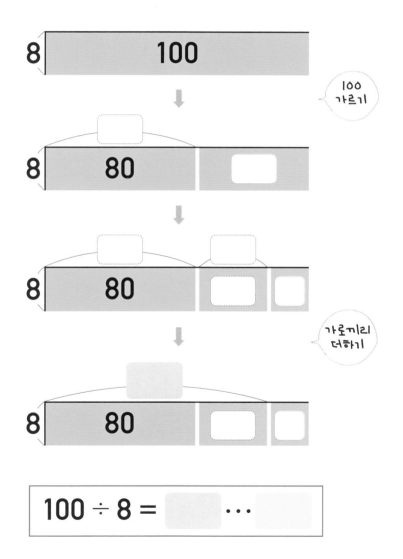

$$100 \div 8 = \boxed{} \cdots \boxed{}$$

2단계 가로 구하기

나머지가 있을 때 ②

나누어지는 수가 나누는 수의 10배가 넘고, 나머지도 있는
경우입니다. 나누는 수의 10배, 20배, 30배…… 등을 한 다음,
직사각형 안의 수에서 그만큼 갈라냅니다. 그 다음은 앞 단계에서
익힌 대로 풀면 됩니다.

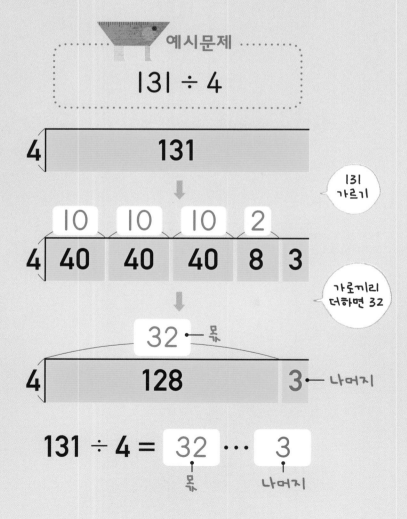

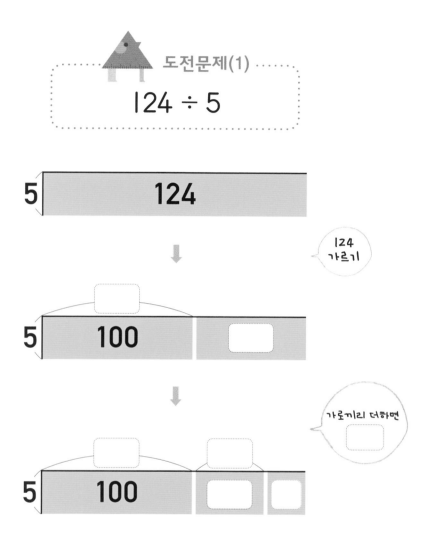

도전문제(1)

$$124 \div 5$$

| 5 | 124 |

124 가르기

| 5 | 100 | |

가로끼리 더하면

| 5 | 100 | | |

$$124 \div 5 = \quad \cdots \quad$$

2단계 가로 구하기

도전문제(2)

$$147 \div 8$$

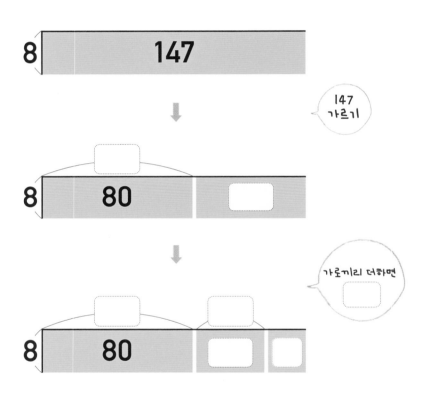

$$147 \div 8 = \boxed{} \cdots \boxed{}$$

도전문제(3)

146 ÷ 30

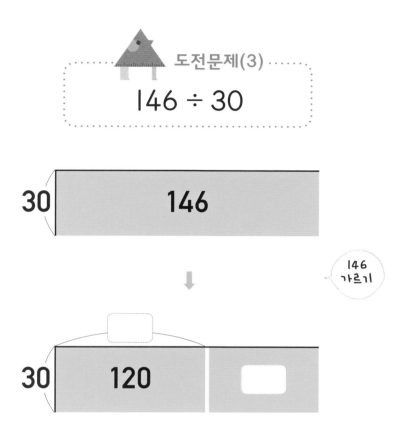

146
가르기

$$146 \div 30 = \boxed{} \cdots \boxed{}$$

2단계 가로 구하기

도전문제(4)

$$246 \div 20$$

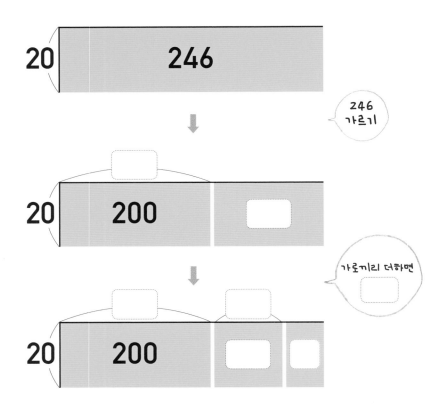

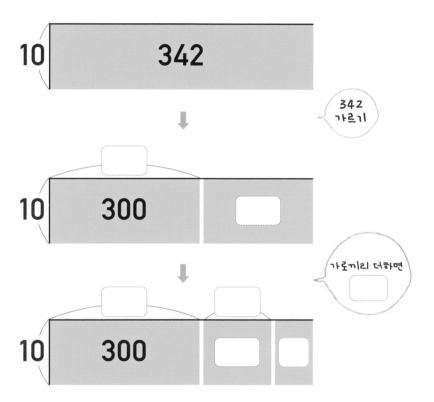

$$342 ÷ 10 = \boxed{} \cdots \boxed{}$$

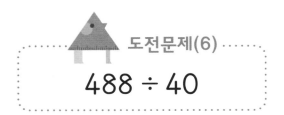

도전문제(6)

$$488 \div 40$$

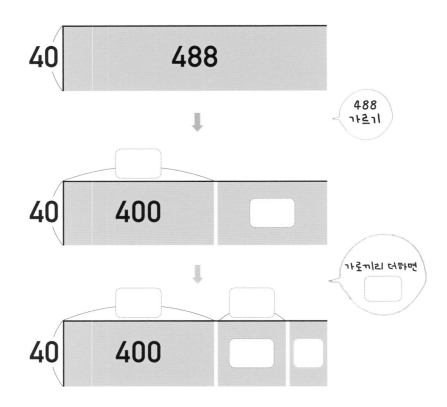

488
가르기

가로끼리 더하면

$$488 \div 40 = \boxed{} \cdots \boxed{}$$

도전문제(7)

140 ÷ 12

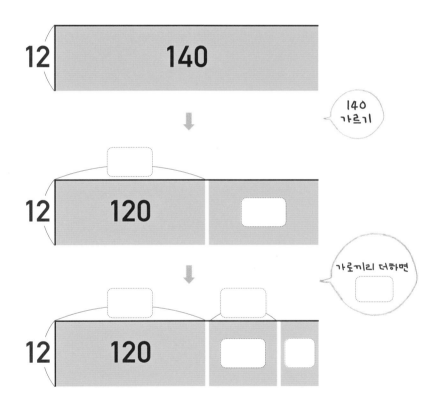

140
가르기

가로끼리 더하면

140 ÷ 12 = ⬜ ⋯ ⬜

2단계 가로 구하기

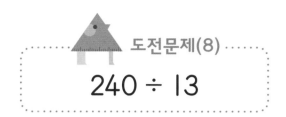

도전문제(8)

$$240 \div 13$$

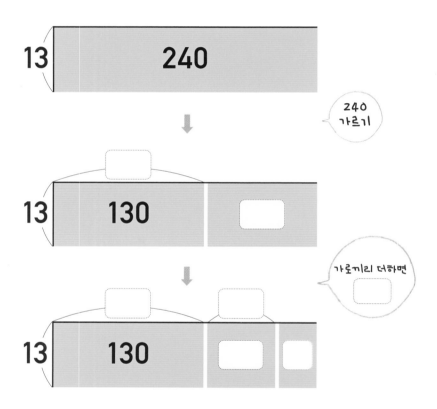

240 가르기

가로끼리 더하면

$$240 \div 13 = \boxed{} \cdots \boxed{}$$

60

도전문제(9)

$$346 \div 11$$

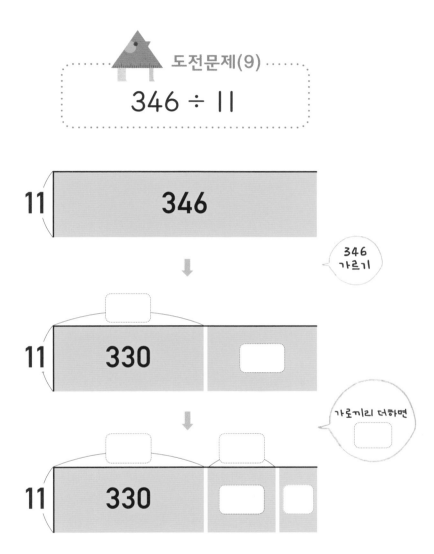

346 가르기

가로끼리 더하면

$$346 \div 11 = \boxed{} \cdots \boxed{}$$

나머지가 있을 때 ③

나누어지는 수가 나누는 수의 100배가 넘고, 나머지도 있는
경우입니다. 나누는 수의 100배를 한 다음, 직사각형 안의 수에서
그만큼 갈라냅니다. 그 다음은 앞 단계에서 익힌 대로 풀면 됩니다.

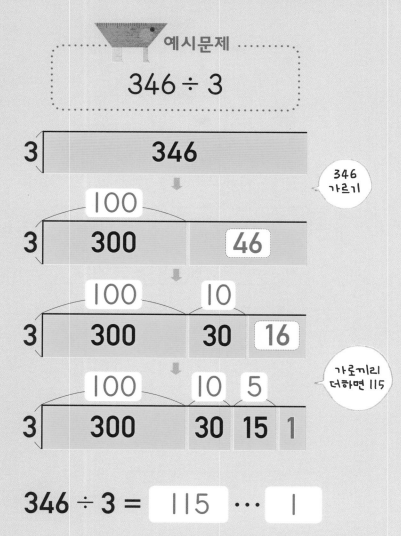

예시문제

$$346 \div 3$$

346 가르기

가로끼리 더하면 115

$$346 \div 3 = \boxed{115} \cdots \boxed{1}$$

도전문제(1)

$$247 \div 2$$

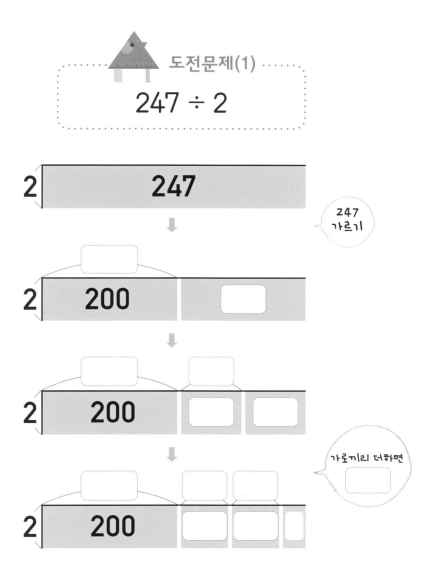

$$247 \div 2 = \boxed{} \cdots \boxed{}$$

도전문제(2)

598 ÷ 4

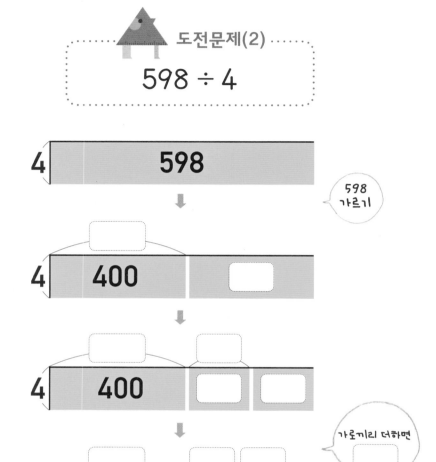

598
가르기

가로끼리 더하면

598 ÷ 4 = ⬚ ··· ⬚

도전문제(3)

$$406 \div 3$$

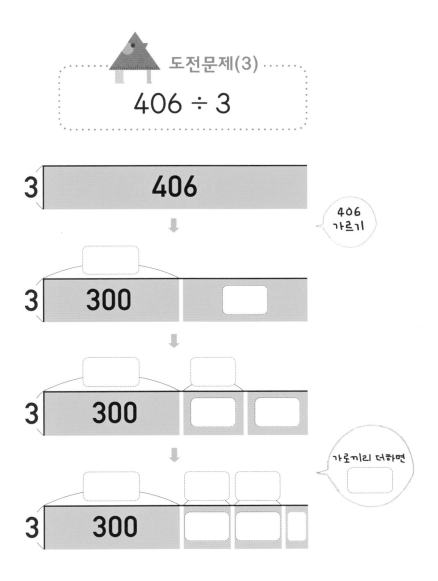

406
가르기

가로끼리 더하면

$$406 \div 3 = \boxed{} \quad \cdots \quad \boxed{}$$

도전문제(4)

$$586 \div 5$$

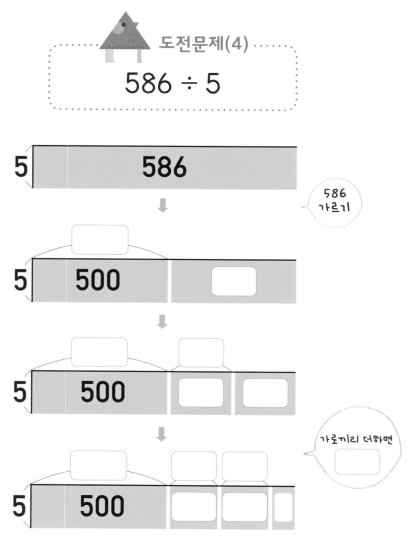

586 가르기

가로끼리 더하면

$$586 \div 5 = \boxed{} \,\big|\, \boxed{} \cdots \boxed{}$$

가로 구하기

2단계

도전문제(5)

816 ÷ 7

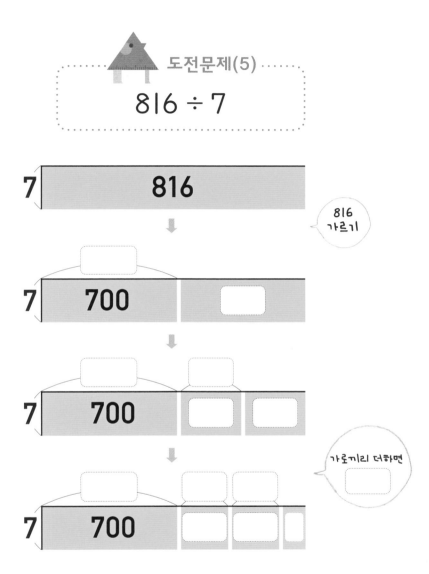

816
가르기

가로끼리 더하면

816 ÷ 7 = ⬚ ⋯ ⬚

2단계 가로 구하기

나머지가 있을 때 ④

나누어지는 수가 나누는 수의 몇 배인지 척 보고 알기 힘든
경우입니다. 세로의 10배, 20배, 30배…… 등을 하면서 가로의 수를
찾아야 합니다.

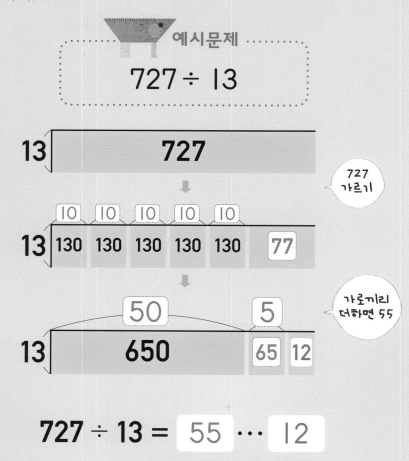

예시문제

727 ÷ 13

13 | 727

727
가르기

| 10 | 10 | 10 | 10 | 10 | |
13 | 130 | 130 | 130 | 130 | 130 | 77 |

가로끼리
더하면 55

| 50 | | 5 | |
13 | 650 | | 65 | 12 |

727 ÷ 13 = 55 … 12

 핵심 포인트 13의 몇 배가 727에 가까운지를 척 보고 알기 어려우면 곱셈을 해 보세요.
13×50=6500이고, 13×60=780이기 때문에, 몫은 50과 60 사이의 수여야 합니다.

도전문제(1)

$$934 \div 15$$

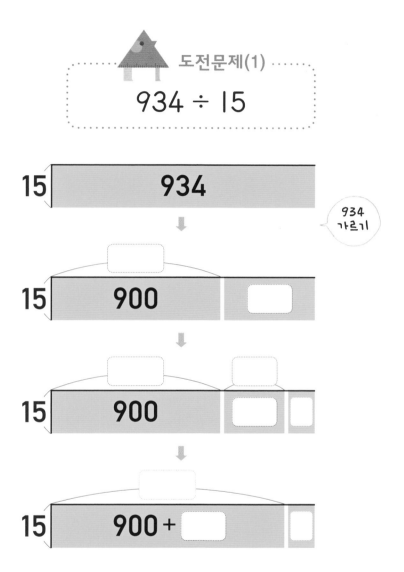

| 15 | 934 |

934
가르기

| 15 | 900 | |

| 15 | 900 | | |

| 15 | 900 + | | |

$$934 \div 15 = \quad \cdots \quad$$

도전문제(2)

$$800 \div 24$$

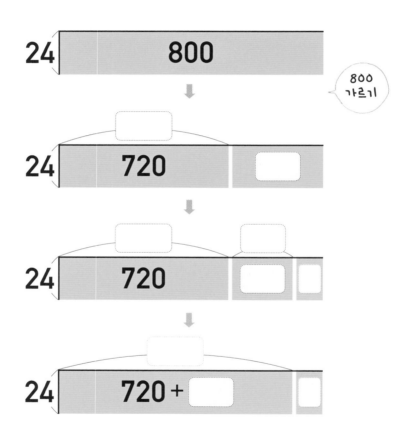

800 가르기

$$800 \div 24 = \boxed{} \cdots \boxed{}$$

도전문제(3)

$$620 \div 11$$

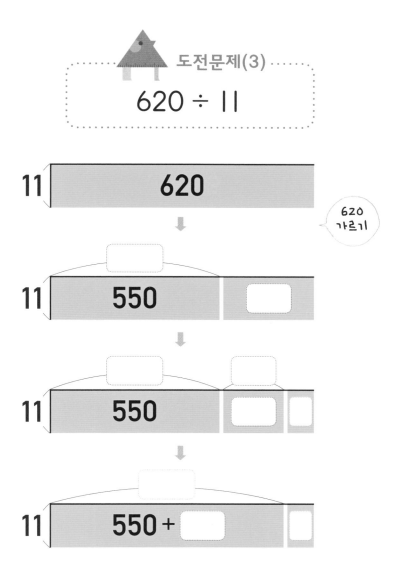

$$620 \div 11 = \boxed{} \cdots \boxed{}$$

가로 구하기

도전문제(4)

$$900 \div 26$$

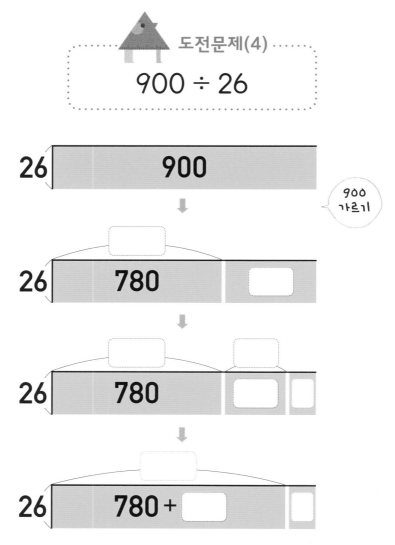

$$900 \div 26 = \quad \cdots \quad$$

3단계

세로셈과 연결하기

지금까지 배운 내용을 세로 나눗셈과 연결합니다. 직사각형 안에 들어가는 수는 '나누어지는 수', 직사각형의 세로에 있는 수는 '나누는 수', 가로에 있는 수는 '몫'이 됩니다. 그리고 나머지는 따로 써 줍니다.

나머지가 없을 때 ①

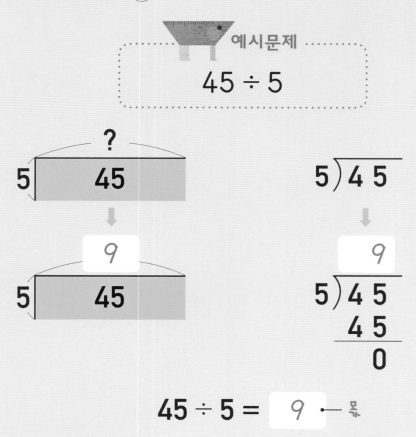

예시문제

$$45 \div 5$$

$$45 \div 5 = \boxed{9} \leftarrow \text{몫}$$

 핵심 포인트 직사각형에서의 수의 위치와 세로 나눗셈에서의 수의 위치를 비교해 보세요!

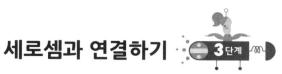

도전문제(1)

$$24 \div 4$$

4) 2 4

0

$24 \div 4 =$

도전문제(2)

$$81 \div 9$$

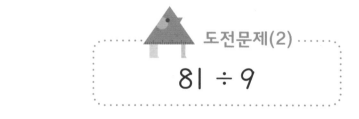

9) 8 1

0

$81 \div 9 =$

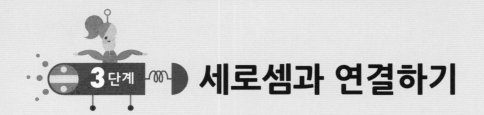

나머지가 없을 때 ②

몫이 두 자리 수로 나오는 경우입니다.

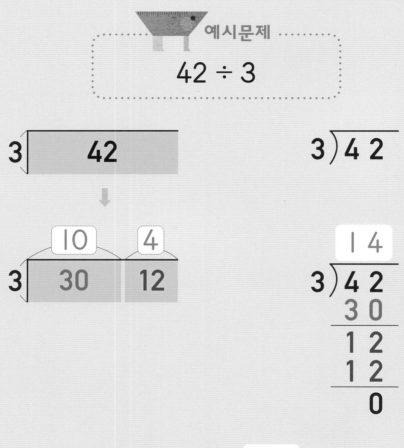

예시문제

$$42 \div 3$$

$$42 \div 3 = \boxed{14}$$

 핵심 포인트 직사각형에서 42를 30과 12로 갈라내는 것과 세로 나눗셈의 40에서 32를 빼는 과정을 잘 비교해 보세요!

도전문제(1)

$$90 \div 6$$

6 | 90

6)‾9‾0‾

6 | 60 □

6)‾9‾0‾
    6 0
   ____
   □
   □
   ____
   □

$$90 \div 6 = \boxed{}$$

77

도전문제(2)

$$72 \div 4$$

4	72

$4 \overline{) 7\ 2}$

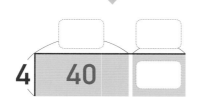

4	40	

$$4 \overline{) 7\ 2}$$
$$\quad\ 4\ 0$$

$$72 \div 4 = \boxed{}$$

78

도전문제(3)

$$133 \div 7$$

$7)\overline{133}$

$7)\overline{133}$
  $7\,0$

$$133 \div 7 = \boxed{}$$

도전문제(3)

$$126 \div 6$$

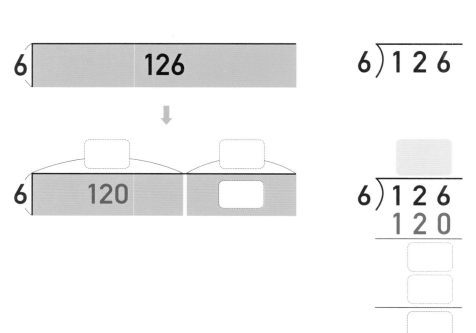

$$126 \div 6 = \boxed{}$$

80

도전문제(5)

$$124 \div 4$$

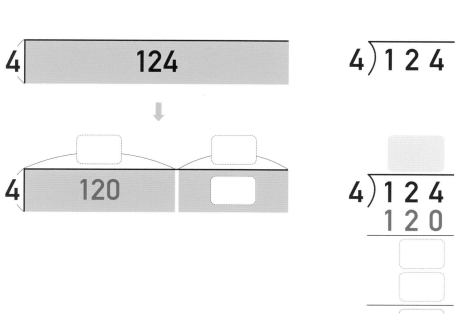

$$124 \div 4 = \boxed{}$$

81

3단계 세로셈과 연결하기

나머지가 있을 때 ①

몫이 한 자리 수이고, 나머지가 있는 경우입니다.

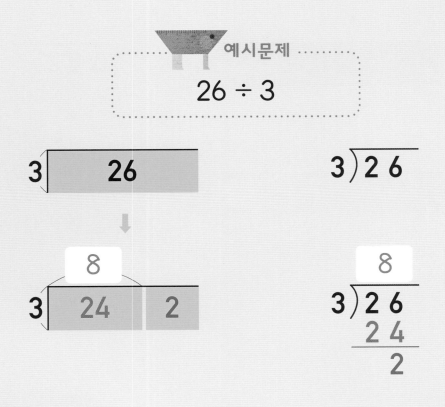

예시문제

$$26 \div 3$$

$$26 \div 3 = \boxed{8} \cdots \boxed{2}$$

몫   나머지

 핵심 포인트 직사각형에서의 수의 위치와 세로 나눗셈에서의 수의 위치를 비교해 보세요!

도전문제(1)

$$50 \div 7$$

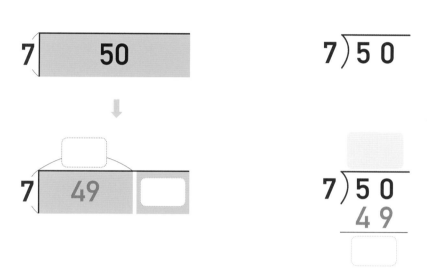

$$50 \div 7 = \boxed{} \cdots \boxed{}$$

도전문제(2)

$$58 \div 6$$

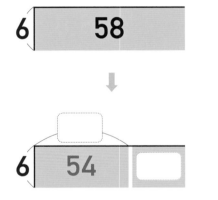

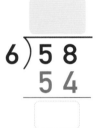

$$58 \div 6 = \boxed{} \cdots \boxed{}$$

도전문제(3)

$$88 \div 9$$

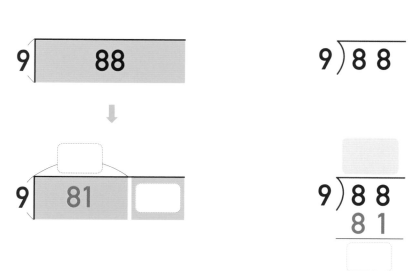

$$88 \div 9 = \boxed{} \cdots \boxed{}$$

나머지가 있을 때 ②

몫이 두 자리 수이고, 나머지가 있는 경우입니다.

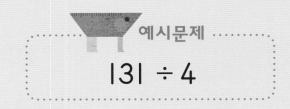

예시문제

$$131 \div 4$$

4	131

$$4 \overline{)131}$$

30 2

4	120		8	3

$$
\begin{array}{r}
32 \\
4{\overline{\smash{)}131}} \\
120 \\
\hline
11 \\
8 \\
\hline
3
\end{array}
$$

$$131 \div 4 = \boxed{32} \cdots \boxed{3}$$

 핵심 포인트 직사각형에서 남은 수 3이 세로 나눗셈에서는 어디에 있는지 찾아 보세요.

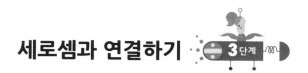

도전문제(1)

$$246 \div 20$$

20│ 246

20)2 4 6

20│ 240 □

20)2 4 6
   2 4 0

246 ÷ 20 = □ … □

3단계 세로셈과 연결하기

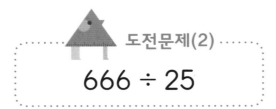

도전문제(2)

$$666 \div 25$$

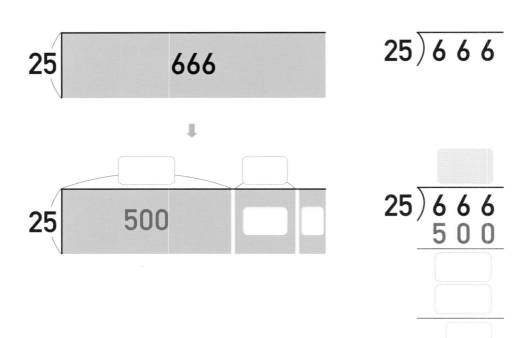

$$666 \div 25 = \boxed{} \cdots \boxed{}$$

도전문제(3)

$$346 \div 3$$

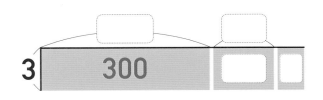

$$3 \overline{)346}$$

$$3 \overline{)346}$$
$$300$$

$$346 \div 3 = \boxed{} \cdots \boxed{}$$

도전문제(4)

$$598 \div 4$$

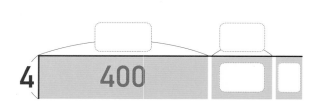

4) 5 9 8

4) 5 9 8
  4 0 0

$$598 \div 4 = \boxed{} \cdots \boxed{}$$

90

도전문제(5)

$$727 \div 13$$

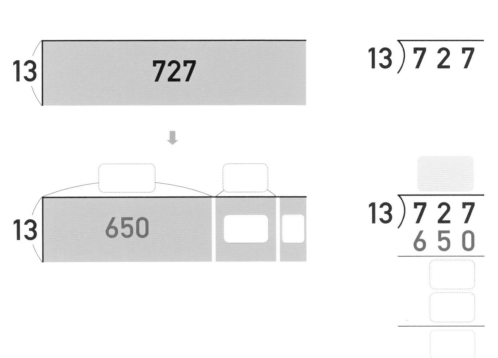

$$727 \div 13 = \boxed{} \cdots \boxed{}$$

3단계 세로셈과 연결하기

도전문제(6)

$$800 \div 24$$

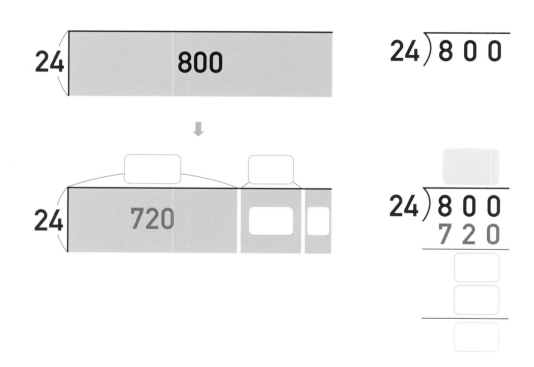

$$800 \div 24 = \boxed{} \cdots \boxed{}$$

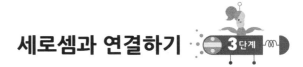
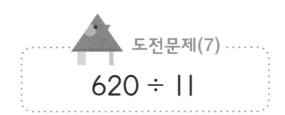

도전문제(7)

$$620 \div 11$$

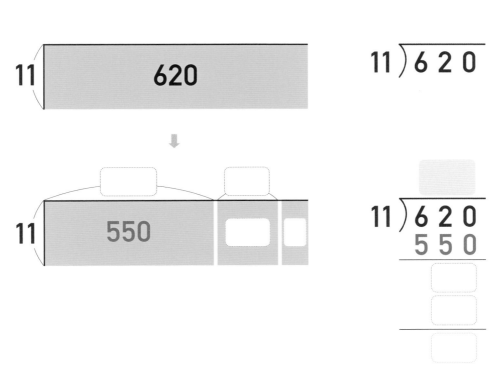

$$620 \div 11 = \boxed{} \cdots \boxed{}$$

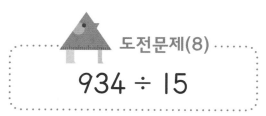

도전문제(8)

$$934 \div 15$$

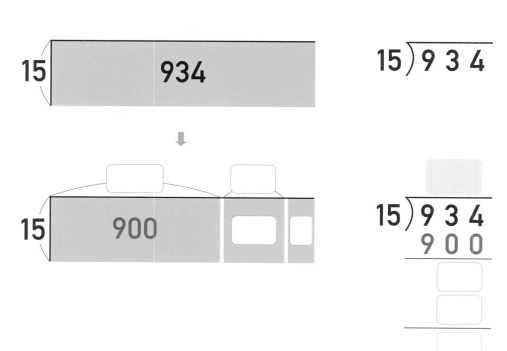

$$934 \div 15 = \boxed{} \cdots \boxed{}$$

4단계

암산하기

4단계 암산하기

지금까지의 과정을 머릿속에 담아, 간단히 답만 씁니다.

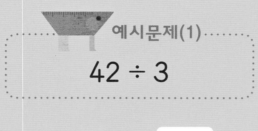

예시문제(1)

$$42 \div 3$$

$$42 \div 3 = \boxed{14}$$

예시문제(2)

$$131 \div 4$$

$$131 \div 4 = \boxed{32} \cdots \boxed{3}$$

 핵심 포인트 척 보고 정답을 생각하기 어렵다면, 앞에서 배운 '직사각형'과 '곱셈'을 떠올려 보세요!

도전문제(1)

$$13 \div 4$$

$13 \div 4 = \boxed{} \cdots \boxed{}$

도전문제(2)

$$53 \div 7$$

$53 \div 7 = \boxed{} \cdots \boxed{}$

도전문제(3)

$$60 \div 8$$

$60 \div 8 = \boxed{} \cdots \boxed{}$

4단계 암산하기

도전문제(4)

$$100 \div 23$$

$100 \div 23 = \boxed{} \cdots \boxed{}$

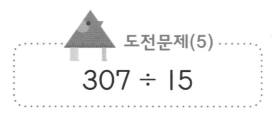
도전문제(5)

$$307 \div 15$$

$307 \div 15 = \boxed{} \cdots \boxed{}$

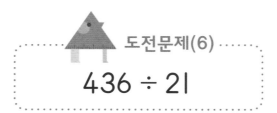
도전문제(6)

$$436 \div 21$$

$436 \div 21 = \boxed{} \cdots \boxed{}$

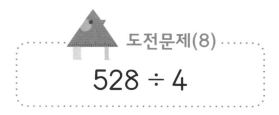

도전문제(7)

143 ÷ 2

143 ÷ 2 = [ ] … [ ]

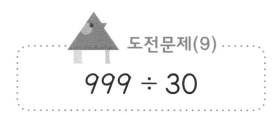

도전문제(8)

528 ÷ 4

528 ÷ 4 = [ ] … [ ]

도전문제(9)

999 ÷ 30

999 ÷ 30 = [ ] … [ ]

4단계 암산하기

머릿속으로만 계산해서 답을 구하세요.　　　　분　　초
(나머지가 없으면 나머지 자리에 0을 쓰세요.)

① $21 \div 2 =$ ⬚ ⋯ ⬚　　⑪ $29 \div 3 =$ ⬚ ⋯ ⬚

② $38 \div 9 =$ ⬚ ⋯ ⬚　　⑫ $17 \div 4 =$ ⬚ ⋯ ⬚

③ $47 \div 5 =$ ⬚ ⋯ ⬚　　⑬ $48 \div 5 =$ ⬚ ⋯ ⬚

④ $70 \div 8 =$ ⬚ ⋯ ⬚　　⑭ $59 \div 6 =$ ⬚ ⋯ ⬚

⑤ $46 \div 5 =$ ⬚ ⋯ ⬚　　⑮ $17 \div 7 =$ ⬚ ⋯ ⬚

⑥ $43 \div 6 =$ ⬚ ⋯ ⬚　　⑯ $44 \div 8 =$ ⬚ ⋯ ⬚

⑦ $71 \div 3 =$ ⬚ ⋯ ⬚　　⑰ $72 \div 9 =$ ⬚ ⋯ ⬚

⑧ $23 \div 5 =$ ⬚ ⋯ ⬚　　⑱ $65 \div 8 =$ ⬚ ⋯ ⬚

⑨ $46 \div 8 =$ ⬚ ⋯ ⬚　　⑲ $30 \div 7 =$ ⬚ ⋯ ⬚

⑩ $70 \div 9 =$ ⬚ ⋯ ⬚　　⑳ $55 \div 6 =$ ⬚ ⋯ ⬚

 연습문제(2)

머릿속으로만 계산해서 답을 구하세요.　　　　　　분　　　초
(나머지가 없으면 나머지 자리에 0을 쓰세요.)

① $25 \div 2 =$ ☐ ⋯ ☐　　⑪ $62 \div 5 =$ ☐ ⋯ ☐

② $46 \div 3 =$ ☐ ⋯ ☐　　⑫ $28 \div 2 =$ ☐ ⋯ ☐

③ $70 \div 4 =$ ☐ ⋯ ☐　　⑬ $94 \div 9 =$ ☐ ⋯ ☐

④ $92 \div 9 =$ ☐ ⋯ ☐　　⑭ $78 \div 5 =$ ☐ ⋯ ☐

⑤ $56 \div 3 =$ ☐ ⋯ ☐　　⑮ $81 \div 6 =$ ☐ ⋯ ☐

⑥ $95 \div 8 =$ ☐ ⋯ ☐　　⑯ $54 \div 3 =$ ☐ ⋯ ☐

⑦ $71 \div 4 =$ ☐ ⋯ ☐　　⑰ $93 \div 7 =$ ☐ ⋯ ☐

⑧ $79 \div 7 =$ ☐ ⋯ ☐　　⑱ $82 \div 6 =$ ☐ ⋯ ☐

⑨ $50 \div 3 =$ ☐ ⋯ ☐　　⑲ $93 \div 8 =$ ☐ ⋯ ☐

⑩ $88 \div 6 =$ ☐ ⋯ ☐　　⑳ $100 \div 9 =$ ☐ ⋯ ☐

4단계 암산하기

연습문제(3)

머릿속으로만 계산해서 답을 구하세요.　　　　　　　　　분　　　초
(나머지가 없으면 나머지 자리에 0을 쓰세요.)

① 38÷11 = [　　] … [　]　　⑪ 46÷12 = [　　] … [　]

② 57÷13 = [　　] … [　]　　⑫ 82÷14 = [　　] … [　]

③ 60÷15 = [　　] … [　]　　⑬ 71÷16 = [　　] … [　]

④ 86÷17 = [　　] … [　]　　⑭ 65÷18 = [　　] … [　]

⑤ 93÷19 = [　　] … [　]　　⑮ 84÷20 = [　　] … [　]

⑥ 67÷21 = [　　] … [　]　　⑯ 91÷22 = [　　] … [　]

⑦ 55÷23 = [　　] … [　]　　⑰ 75÷24 = [　　] … [　]

⑧ 80÷25 = [　　] … [　]　　⑱ 48÷26 = [　　] … [　]

⑨ 59÷27 = [　　] … [　]　　⑲ 74÷28 = [　　] … [　]

⑩ 90÷29 = [　　] … [　]　　⑳ 88÷30 = [　　] … [　]

정답

직사각형 그리기 1단계

도전문제(1)

6 × 13

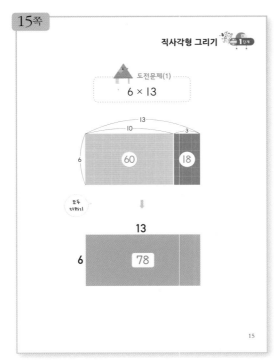

1단계 **직사각형 그리기**

도전문제(2)

9 × 12

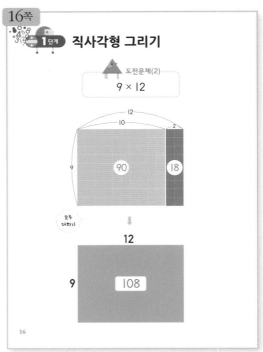

직사각형 그리기 1단계

도전문제(3)

4 × 18

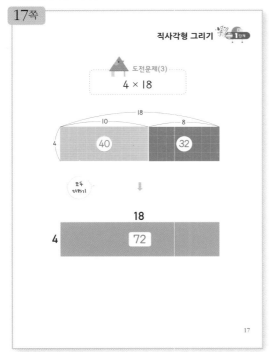

직사각형 그리기 1단계

도전문제(1)

8 × 125

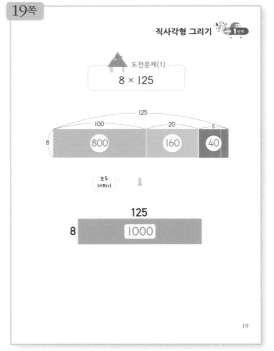

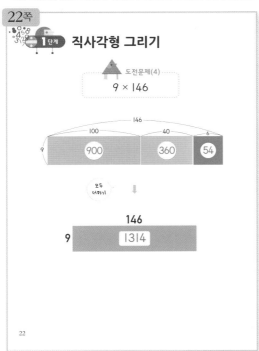

직사각형 그리기 **1단계**

도전문제(1)

13 × 14

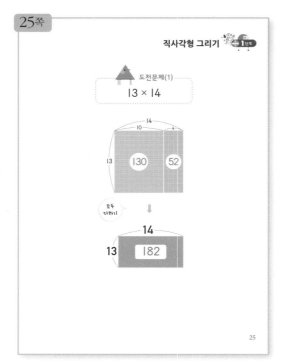

1단계 **직사각형 그리기**

도전문제(2)

16 × 18

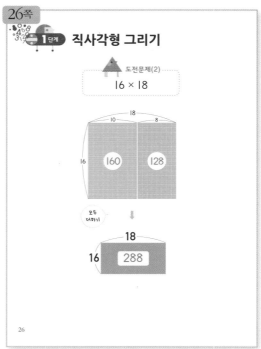

직사각형 그리기 **1단계**

도전문제(3)

15 × 19

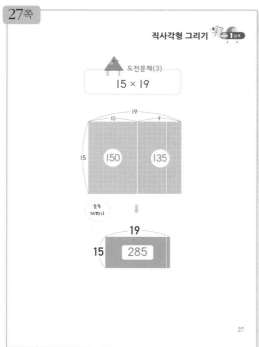

1단계 **직사각형 그리기**

도전문제(4)

17 × 16

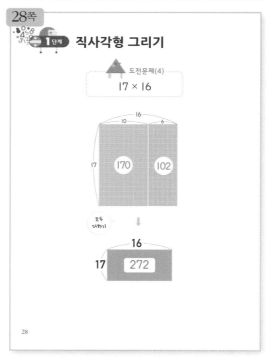

29쪽

직사각형 그리기 **1단계**

도전문제(5)

18 × 12

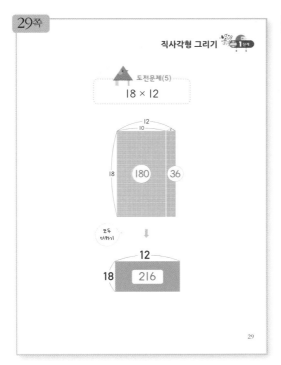

모두
더하기

12
18 | 216

30쪽

1단계 직사각형 그리기

도전문제(6)

15 × 15

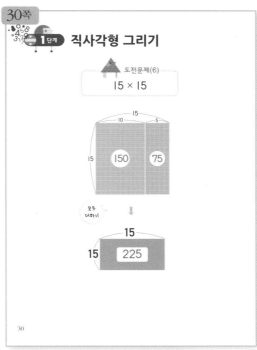

모두
더하기

15
15 | 225

31쪽

직사각형 그리기 **1단계**

도전문제(7)

19 × 18

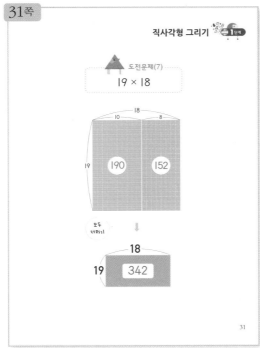

모두
더하기

18
19 | 342

32쪽

1단계 직사각형 그리기

도전문제(8)

18 × 17

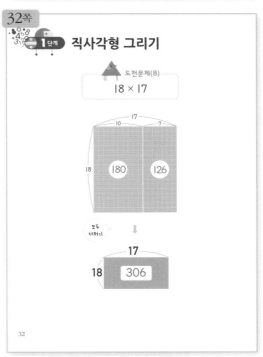

모두
더하기

17
18 | 306

가로 구하기 **2**단계

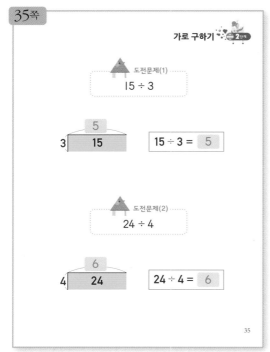

도전문제(1)

15 ÷ 3

5
3	15

15 ÷ 3 = 5

도전문제(2)

24 ÷ 4

6
4	24

24 ÷ 4 = 6

35

2단계 **가로 구하기**

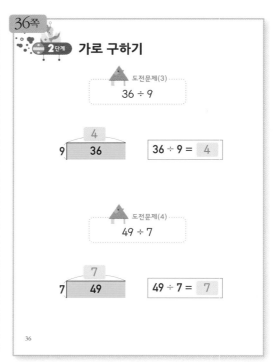

도전문제(3)

36 ÷ 9

4
9	36

36 ÷ 9 = 4

도전문제(4)

49 ÷ 7

7
7	49

49 ÷ 7 = 7

36

가로 구하기 **2**단계

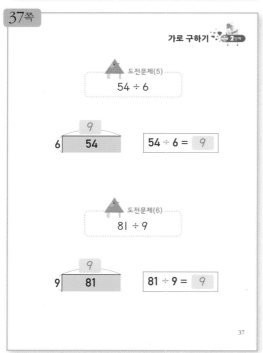

도전문제(5)

54 ÷ 6

9
6	54

54 ÷ 6 = 9

도전문제(6)

81 ÷ 9

9
9	81

81 ÷ 9 = 9

37

가로 구하기 **2**단계

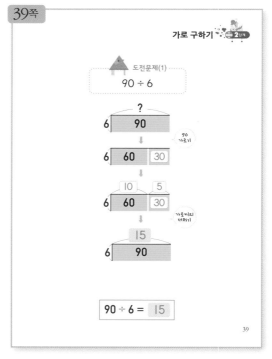

도전문제(1)

90 ÷ 6

?
6	90

90
가르기

| 6 | 60 | 30 |

10	5
6	60	30

가로끼리
더하기

15
6	90

90 ÷ 6 = 15

39

÷2단계 가로 구하기

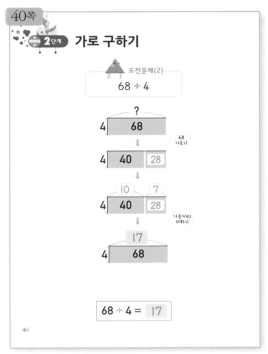

도전문제(2)

68 ÷ 4

68 ÷ 4 = 17

40

가로 구하기 2단계

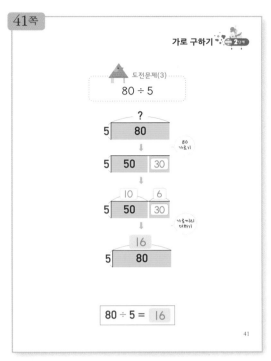

도전문제(3)

80 ÷ 5

80 ÷ 5 = 16

41

÷2단계 가로 구하기

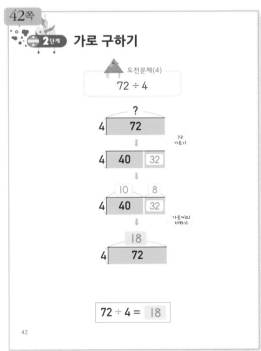

도전문제(4)

72 ÷ 4

72 ÷ 4 = 18

42

가로 구하기 2단계

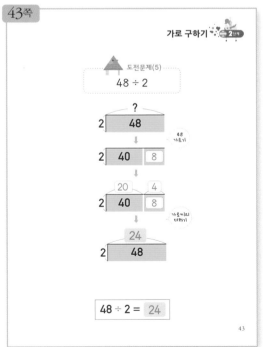

도전문제(5)

48 ÷ 2

48 ÷ 2 = 24

43

2단계 가로 구하기

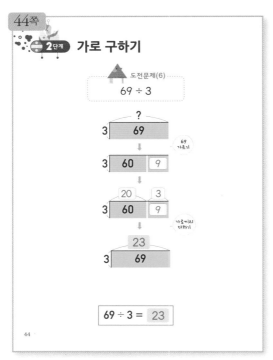

가로 구하기 2단계

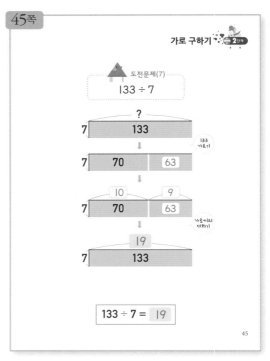

2단계 가로 구하기

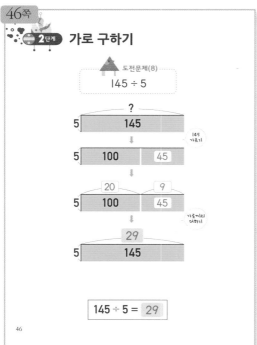

가로 구하기 2단계

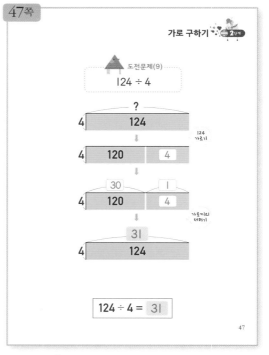

110

49쪽

가로 구하기 **2단계**

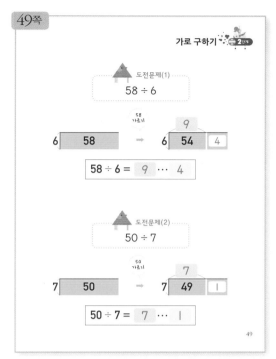

도전문제(1)
58 ÷ 6

6 | 58 → 6 | 54 | 4 (9)

58 ÷ 6 = 9 ⋯ 4

도전문제(2)
50 ÷ 7

7 | 50 → 7 | 49 | 1 (7)

50 ÷ 7 = 7 ⋯ 1

49

50쪽

2단계 가로 구하기

도전문제(3)
77 ÷ 8

8 | 77 → 8 | 72 | 5 (9)

77 ÷ 8 = 9 ⋯ 5

도전문제(4)
88 ÷ 9

9 | 88 → 9 | 81 | 7 (9)

88 ÷ 9 = 9 ⋯ 7

50

51쪽

가로 구하기 **2단계**

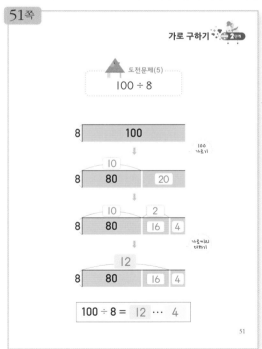

도전문제(5)
100 ÷ 8

8 | 100

8 | 80 | 20 (10)

8 | 80 | 16 | 4 (10) (2)

8 | 80 | 16 | 4 (12)

100 ÷ 8 = 12 ⋯ 4

51

53쪽

가로 구하기 **2단계**

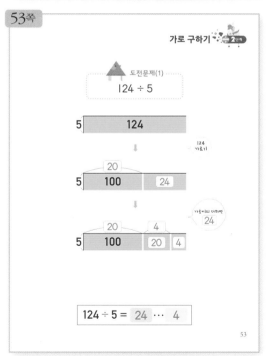

도전문제(1)
124 ÷ 5

5 | 124

5 | 100 | 24 (20)

5 | 100 | 20 | 4 (20) (4)   24

124 ÷ 5 = 24 ⋯ 4

53

111

2단계 가로 구하기

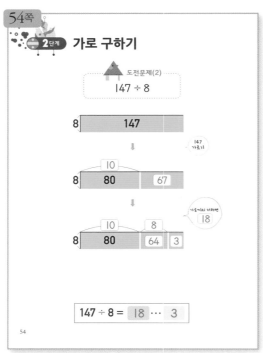

가로 구하기 2단계

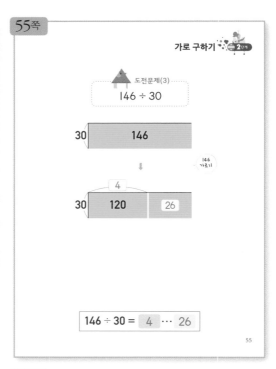

2단계 가로 구하기

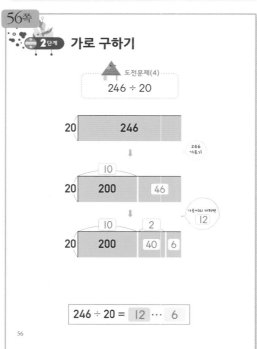

가로 구하기 2단계

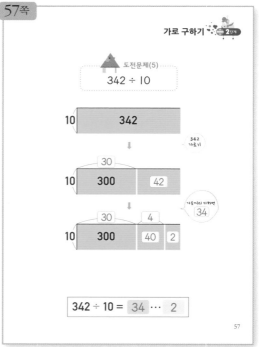

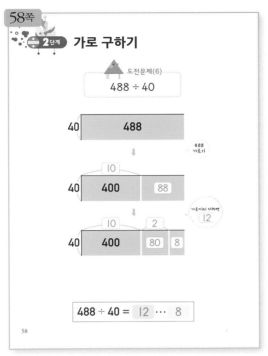

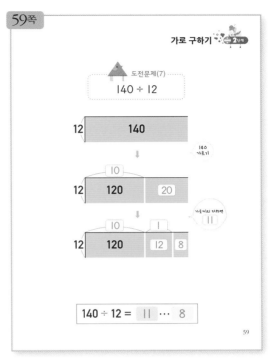

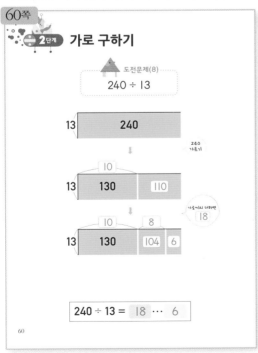

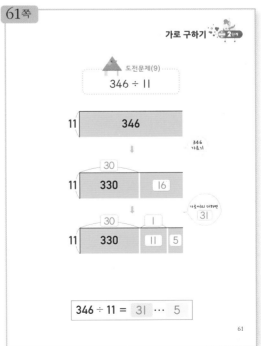

가로 구하기 · 2단계

도전문제(1)

247 ÷ 2

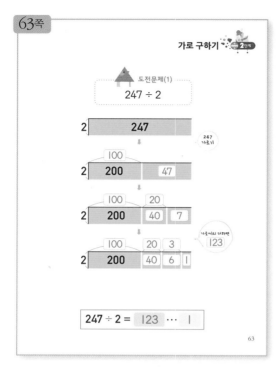

247 ÷ 2 = 123 ⋯ 1

63

2단계 가로 구하기

도전문제(2)

598 ÷ 4

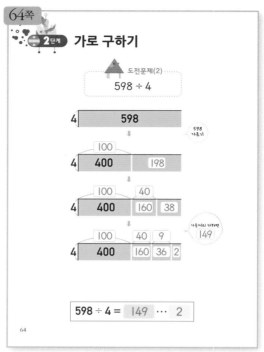

598 ÷ 4 = 149 ⋯ 2

64

가로 구하기 · 2단계

도전문제(3)

406 ÷ 3

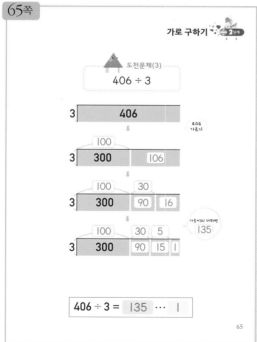

406 ÷ 3 = 135 ⋯ 1

65

2단계 가로 구하기

도전문제(4)

586 ÷ 5

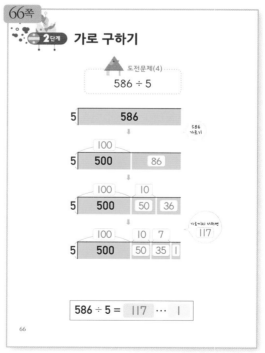

586 ÷ 5 = 117 ⋯ 1

66

67쪽

가로 구하기 **2단계**

도전문제(5)

$$816 \div 7$$

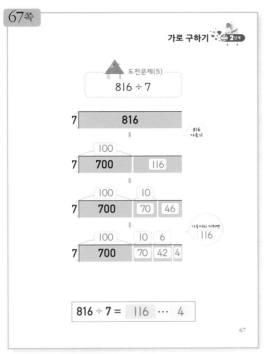

$$816 \div 7 = \boxed{116} \cdots 4$$

69쪽

가로 구하기 **2단계**

도전문제(1)

$$934 \div 15$$

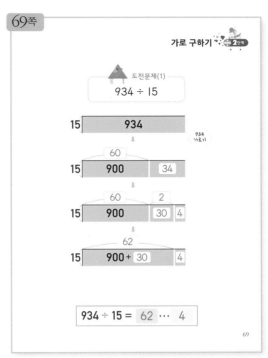

$$934 \div 15 = \boxed{62} \cdots 4$$

70쪽

2단계 가로 구하기

도전문제(2)

$$800 \div 24$$

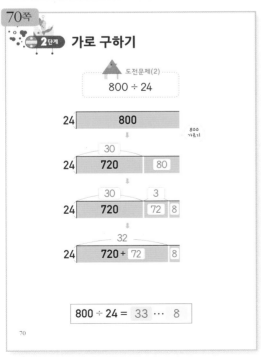

$$800 \div 24 = \boxed{33} \cdots 8$$

71쪽

가로 구하기 **2단계**

도전문제(3)

$$620 \div 11$$

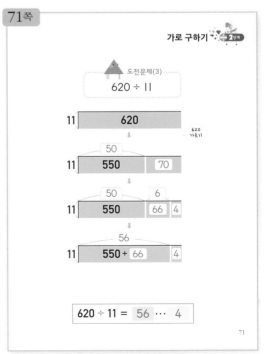

$$620 \div 11 = \boxed{56} \cdots 4$$

2단계 가로 구하기

도전문제(4)

900 ÷ 26

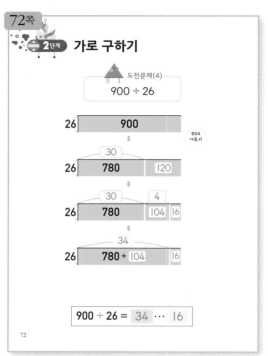

900 ÷ 26 = 34 ⋯ 16

세로셈과 연결하기 3단계

도전문제(1)

24 ÷ 4

24 ÷ 4 = 6

도전문제(2)

81 ÷ 9

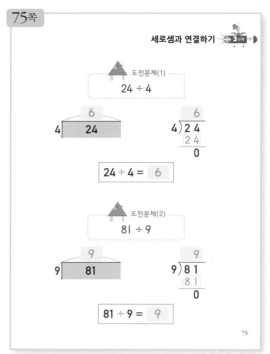

81 ÷ 9 = 9

세로셈과 연결하기 3단계

도전문제(1)

90 ÷ 6

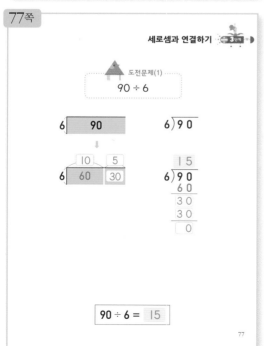

90 ÷ 6 = 15

3단계 세로셈과 연결하기

도전문제(2)

72 ÷ 4

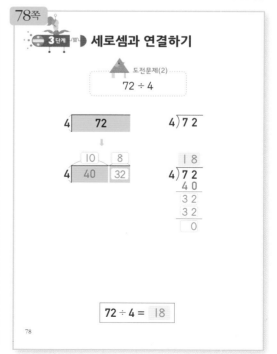

72 ÷ 4 = 18

116

정답

79쪽

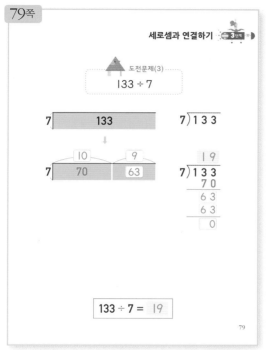

80쪽

3단계 세로셈과 연결하기

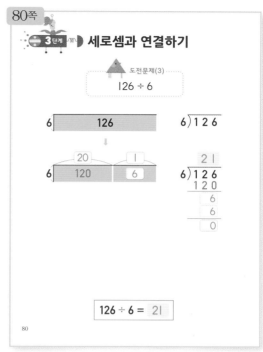

81쪽

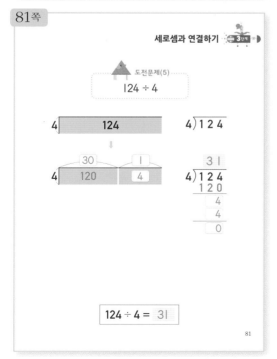

83쪽

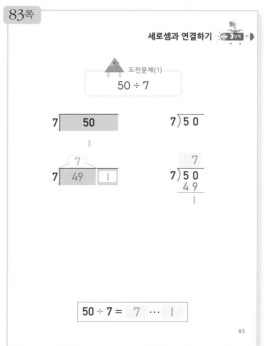

3단계 세로셈과 연결하기

도전문제(2)

58 ÷ 6

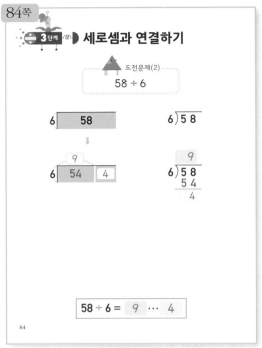

58 ÷ 6 = 9 ⋯ 4

세로셈과 연결하기 3단계

도전문제(3)

88 ÷ 9

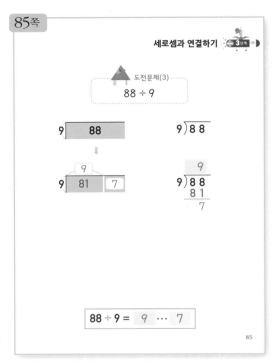

88 ÷ 9 = 9 ⋯ 7

세로셈과 연결하기 3단계

도전문제(1)

246 ÷ 20

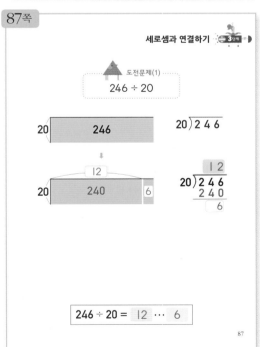

246 ÷ 20 = 12 ⋯ 6

3단계 세로셈과 연결하기

도전문제(2)

666 ÷ 25

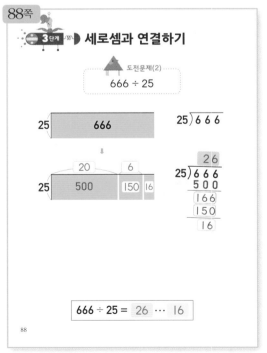

666 ÷ 25 = 26 ⋯ 16

89쪽

세로셈과 연결하기 **3단계**

도전문제(3)

$346 \div 3$

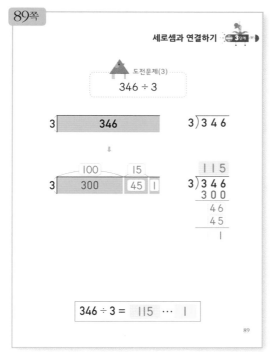

$346 \div 3 = 115 \cdots 1$

89

90쪽

3단계 세로셈과 연결하기

도전문제(4)

$598 \div 4$

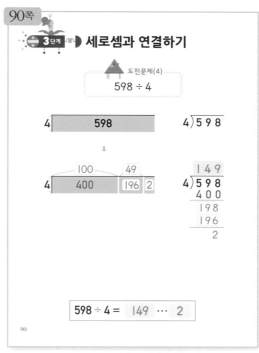

$598 \div 4 = 149 \cdots 2$

90

91쪽

세로셈과 연결하기 **3단계**

도전문제(5)

$727 \div 13$

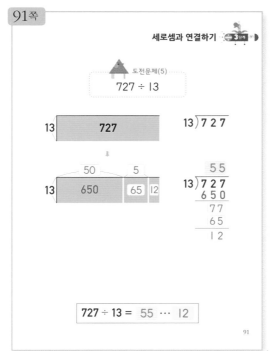

$727 \div 13 = 55 \cdots 12$

91

92쪽

3단계 세로셈과 연결하기

도전문제(6)

$800 \div 24$

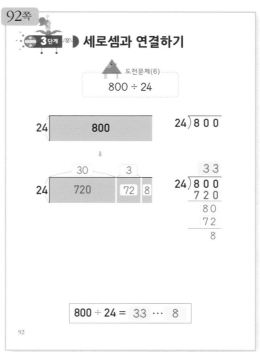

$800 \div 24 = 33 \cdots 8$

92

세로셈과 연결하기 **3단계**

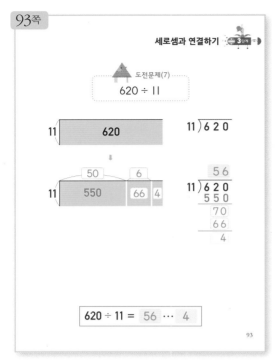

도전문제(7)

620 ÷ 11

$$620 \div 11 = 56 \cdots 4$$

3단계 세로셈과 연결하기

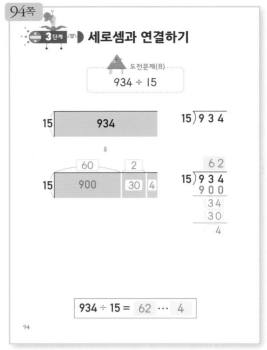

도전문제(8)

934 ÷ 15

$$934 \div 15 = 62 \cdots 4$$

암산하기 **4단계**

도전문제(1)

13 ÷ 4

$$13 \div 4 = 3 \cdots 1$$

도전문제(2)

53 ÷ 7

$$53 \div 7 = 7 \cdots 4$$

도전문제(3)

60 ÷ 8

$$60 \div 8 = 7 \cdots 4$$

4단계 암산하기

도전문제(4)

100 ÷ 23

$$100 \div 23 = 4 \cdots 8$$

도전문제(5)

307 ÷ 15

$$307 \div 15 = 20 \cdots 7$$

도전문제(6)

436 ÷ 21

$$436 \div 21 = 20 \cdots 16$$

99쪽

암산하기

도전문제(7)

143 ÷ 2

143 ÷ 2 = 71 ··· 1

도전문제(8)

528 ÷ 4

528 ÷ 4 = 132 ··· 0

도전문제(9)

999 ÷ 30

999 ÷ 30 = 33 ··· 9

99

100쪽 4단계 암산하기

연습문제(1)

머릿속으로만 계산해서 답을 구하세요.　　분　초
(나머지가 없으면 나머지 자리에 0을 쓰세요.)

① 21 ÷ 2 = 10 ··· 1　⑪ 29 ÷ 3 = 9 ··· 2
② 38 ÷ 9 = 4 ··· 2　⑫ 17 ÷ 4 = 4 ··· 1
③ 47 ÷ 5 = 9 ··· 2　⑬ 48 ÷ 5 = 9 ··· 3
④ 70 ÷ 8 = 8 ··· 6　⑭ 59 ÷ 6 = 9 ··· 5
⑤ 46 ÷ 5 = 9 ··· 1　⑮ 17 ÷ 7 = 2 ··· 3
⑥ 43 ÷ 6 = 7 ··· 1　⑯ 44 ÷ 8 = 5 ··· 4
⑦ 71 ÷ 3 = 23 ··· 2　⑰ 72 ÷ 9 = 8 ··· 0
⑧ 23 ÷ 5 = 4 ··· 3　⑱ 65 ÷ 8 = 8 ··· 1
⑨ 46 ÷ 8 = 5 ··· 6　⑲ 30 ÷ 7 = 4 ··· 2
⑩ 70 ÷ 9 = 7 ··· 7　⑳ 55 ÷ 6 = 9 ··· 1

100

101쪽

암산하기

연습문제(2)

머릿속으로만 계산해서 답을 구하세요.　　분　초
(나머지가 없으면 나머지 자리에 0을 쓰세요.)

① 25 ÷ 2 = 12 ··· 1　⑪ 62 ÷ 5 = 12 ··· 2
② 46 ÷ 3 = 15 ··· 1　⑫ 28 ÷ 2 = 14 ··· 0
③ 70 ÷ 4 = 17 ··· 2　⑬ 94 ÷ 9 = 10 ··· 4
④ 92 ÷ 9 = 10 ··· 2　⑭ 78 ÷ 5 = 15 ··· 3
⑤ 56 ÷ 3 = 18 ··· 2　⑮ 81 ÷ 6 = 13 ··· 3
⑥ 95 ÷ 8 = 11 ··· 7　⑯ 54 ÷ 3 = 18 ··· 0
⑦ 71 ÷ 4 = 17 ··· 3　⑰ 93 ÷ 7 = 13 ··· 2
⑧ 79 ÷ 7 = 11 ··· 2　⑱ 82 ÷ 6 = 13 ··· 4
⑨ 50 ÷ 3 = 16 ··· 2　⑲ 93 ÷ 8 = 11 ··· 5
⑩ 88 ÷ 6 = 14 ··· 4　⑳ 100 ÷ 9 = 11 ··· 1

101

102쪽 4단계 암산하기

연습문제(3)

머릿속으로만 계산해서 답을 구하세요.　　분　초
(나머지가 없으면 나머지 자리에 0을 쓰세요.)

① 38 ÷ 11 = 3 ··· 5　⑪ 46 ÷ 12 = 3 ··· 10
② 57 ÷ 13 = 4 ··· 5　⑫ 82 ÷ 14 = 5 ··· 12
③ 60 ÷ 15 = 4 ··· 0　⑬ 71 ÷ 16 = 4 ··· 7
④ 86 ÷ 17 = 5 ··· 1　⑭ 65 ÷ 18 = 3 ··· 11
⑤ 93 ÷ 19 = 4 ··· 17　⑮ 84 ÷ 20 = 4 ··· 4
⑥ 67 ÷ 21 = 3 ··· 4　⑯ 91 ÷ 22 = 4 ··· 3
⑦ 55 ÷ 23 = 2 ··· 9　⑰ 75 ÷ 24 = 3 ··· 3
⑧ 80 ÷ 25 = 3 ··· 5　⑱ 48 ÷ 26 = 1 ··· 22
⑨ 59 ÷ 27 = 2 ··· 5　⑲ 74 ÷ 28 = 2 ··· 18
⑩ 90 ÷ 29 = 3 ··· 3　⑳ 88 ÷ 30 = 2 ··· 28

102